GPS Praxisbuch-Reihe
Band 23

www.red-bike.de

GPS Praxisbuch

GARMIN. GPSMAP 66-Serie

Die Angaben und Daten in diesem Handbuch dienen ausschließlich Informationszwecken und gelten unter Vorbehalt.

Die meisten Produktbezeichnungen von Hard- und Software sowie Firmennamen und Firmenlogos, die in diesem Werk genannt werden, sind in der Regel gleichzeitig auch eingetragene Warenzeichen und sollten als solche betrachtet werden. Sie sind nur zum Zweck der Identifizierung erwähnt und sind das ausschließliche Eigentum ihrer Halter.

Bei der Zusammenstellung von Texten und Abbildungen wurde mit größter Sorgfalt vorgegangen. Trotzdem können Fehler nicht vollständig ausgeschlossen werden. Verlag und Autor übernehmen dafür keinerlei Haftung oder Gewährleistung und auch keine Verantwortung für Folgeschäden auf Grund von Fehlern, Auslassungen, Ungenauigkeiten dieses Handbuchs oder durch Firmware-Updates veränderte Funktionen.

Herstellung & Verlag:
BoD - Books on Demand , Norderstedt

Autor und Grafik: Janet Bader

GPS Praxisbuch Garmin GPSMAP66-Serie
1. Auflage – April 2019
© 2019 Red Bike
ISBN 978-3-7481-6667-2

Inhaltsverzeichnis

Kapitel-Seite

VORWORT 9

GRUNDAUSSTATTUNG...11

KAPITEL 1 – DAS GERÄT 1–12

TECHNISCHER ÜBERBLICK..1–12
ALLGEMEINER UMGANG 1–14
GERÄTESTART 1–14
DIE BEDIENUNG DES GPSMAP 66..1–15
   Die Tasten und die Statusseite *1–15*
   Das Hauptmenü *1–18*
   Grundeinstellung *1–18*
   Senoren koppeln...*1–19*
   GPS-Empfang *1–20*
   Die eigene Bewegung aufzeichnen.................................*1–21*
   Aufzeichnung stoppen und abspeichern *1–22*
   Während der Bewegung..*1–25*
   Das Arbeiten in der Kartenansicht *1–27*
   Das Arbeiten in der Höhenprofilansicht.........................*1–28*
   Die Kompass-Seite nutzen und anpassen........................*1–30*
   Den Reisecomputer nutzen...*1–32*
   Die aktuelle Aufzeichnung *1–38*
   Die Speicherplätze für Touren *1–41*
DAS ARBEITEN MIT WEGPUNKTEN 1–42
   Wegpunkte im Gerät speichern (aktuelle Position) *1–42*
   Wegpunkte bearbeiten...*1–43*
   Annäherungsalarme erstellen *1–45*
   Wegpunkte im GPSMAP 66 suchen und sortieren............*1–46*
PROFILE 1–47
   Hinzufügen von Profilen *1–48*
GERÄTEEINSTELLUNGEN 1–49
   Spezialfunktion für Mehrtagestouren............................*1–58*
   Hard Reset *1–65*
ANWENDUNGEN...1–67
   Kalender: Sonne/Mond, Jagen/Angeln *1–67*
   Datenübertragung von Gerät zu Gerät...........................*1–69*
   Datenübertragung per Bluetooth...................................*1–69*

Koppeln des Smartphones mit dem GPSMAP 66..*1–70*
Wetterdaten am GPSMAP 66 ablesen.......................................*1–72*
Software-Update *1–73*
Live-Tracking..*1–73*

KAPITEL 2 - NAVIGATION..**2–77**

GRUNDLAGEN 2–77
Routen, Tracks und Strecken (Courses) 2–77
Trackpunkte, Wegpunkte und POIs.................................2–80
ROUTENNAVIGATION : BELIEBIG ZUM ZIEL...........................2–81
Routing-Einstellungen...2–82
Zieleingabe..2–84
Navigationsstart..2–85
Aktive Route ändern...2–85
Standort für die Zielsuche..2–86
Navigation beenden..2–87
Ziele in der Karte suchen...2–88
Koordinaten als Ziel..2–89
Koordinatensystem..2–90
Nordreferenz / Missweisung (Deklination) 2–93
Round-Trip Routing: Rundkurs-Funktion 2–94
Eine Route im Gerät planen...2–96
TRACKNAVIGATION: EIGENE WEGE ZUM ZIEL...........................2–99
Navigation anhand von eigenen Aufzeichnungen 2–100
Navigation anhand von fertigen Touren 2–101
Track vom PC zum GPS-Gerät senden (ohne GPS-Software) 2–101
Track sichtbar schalten...2–104
Tourstart-Track...2–106
TOURENAUSWAHL UNTERWEGS PER HANDY/TABLET-PC.............2–108
Wikiloc 2–108
Komoot..2–109
Garmin Explore-App...2–115
PEILEN UND LOS 2–117
GEOCACHING 2–120
TRACBACK 2–127
TOURSTART/TOURENDE - SCHRITTE AM GERÄT........................2–128
Wir erinnern uns: Der Energiesparmodus, Beispiel: Wandertour.........2–129

KAPITEL 3 - ARBEITEN AM HEIMISCHEN COMPUTER 3–131

GPSMAP 66 AUFRÜSTEN 3–131
VERSCHIEDENE KARTENTYPEN 3–131
   Straßenkarten...*3–131*
   Topografische Karten *3–132*
   BirdsEye..*3–133*
   Nautische Karten *3–137*
KARTEN INSTALLIEREN 3–138
   Vorprogrammierte Datenkarte – microSD/SD-Karte...............*3–138*
   Kartendownload *3–138*
SOFTWARE FÜR DEN COMPUTER 3–140
   Base Camp *3–140*
   Garmin Connect..*3–142*
   Garmin Express - Das Manager-Tool für PC bzw. Mac *3–142*
CONNECT IQ-APPS UND ZUSÄTZLICHE DATENFELDER INSTALLIEREN 3–145
DATEIFORMATE: GPX, GDB, FIT, TCX 3–148
SICHERUNGSDATEI DES GERÄTESPEICHERS ANLEGEN 3–149
SYSTEM-/ORDNERSTRUKTUR 3–149
MICROSD-KARTE EINRICHTEN 3–152
TOUREN AUS DEM „NETZ" 3–153
TOUREN SELBST PLANEN UND ZEICHNEN 3–156
   Zeichnen in Garmin Connect..*3–156*
   Planung in Google Earth..*3–161*
   Zeichnen in Garmin BaseCamp *3–163*
WEGPUNKTE IN BASECAMP ERSTELLEN 3–170
   Wegpunkte mittels Koordinaten erstellen *3–170*
   Eigene Wegpunkt-Symbole erstellen...*3–171*
OBJEKTE AUS BASECAMP ZUM GPS-GERÄT ÜBERTRAGEN.....................3–172
OBJEKTE AUS DEM GPSMAP 66 ENTFERNEN 3–173
HÖHENWERTE: BAROMETRISCH, PER GPS ODER AUS DER KARTE.............3–174
FOTOS GEOREFERENZIEREN 3–176
TRACKAUFZEICHNUNG AM PC AUSWERTEN 3–178
   Aufzeichnung in BaseCamp öffnen *3–178*
   Aufzeichnung in Garmin Connect öffnen..................................*3–186*
   Gesamtdaten - Jahresauswertung...*3–193*

INDEX **194**

GPS Praxisbücher von Red Bike im Überblick

GPS Praxisbuch Garmin Edge705 / 605,   ISBN 978-1-4461-8831-6;

GPS Praxisbuch Garmin Dakota/ Oregon V2, ISBN 978-3-8391-7017-5;

GPS Praxisbuch Garmin GPSMAP 62 - Serie, ISBN 978-3-8423-2770-2;

GPS Praxisbuch Garmin GPSMAP 64 - Serie, ISBN 978-3-7322-8520-4;

GPS Praxisbuch Garmin GPSMAP 66 - Serie, ISBN 978-3-7481-6667-2;

GPS Praxisbuch Garmin Edge800,   ISBN 978-3-8391-8210-9;

GPS Praxisbuch Garmin Edge 810,   ISBN 978-3-7322-3028-0;

GPS Praxisbuch Garmin Edge 820,   ISBN 978-3-7412-8570-7;

GPS Praxisbuch Garmin Montana – Serie,   ISBN 978-3-8423-6706-7;

GPS Praxisbuch Garmin Monterra,   ISBN 978-3-7322-4589-5;

GPS Praxisbuch Garmin eTrex 10, 20, 30 ff., ISBN 978-3-8423-6707-4;

GPS Praxisbuch Garmin eTrex Touch,   ISBN 978-3-7386-2149-5;

GPS Praxisbuch Garmin fēnix3/Chron./epix ISBN 978-3-7386-2430-4;

GPS Praxisbuch Garmin fēnix 5/Plus-Serie ISBN 978-3- 7412-9000-8;

GPS Praxisbuch – Tourenplanung mit Garmin BaseCamp,
                  ISBN 978-3-8482-2144-8;

GPS Praxisbuch Garmin Oregon 6xx-Serie, ISBN 978-3-7322-3031-0;
GPS Praxisbuch Garmin Oregon 7xx-Serie, ISBN 978-3-7412-8555-4;

GPS Praxisbuch Garmin Edge Touring/ Touring Plus,
                  ISBN 978-3-7322-8500-6;

GPS Praxisbuch Garmin Edge 1000/Explore, ISBN 978-3-7357-2486-1;

GPS Praxisbuch Garmin Edge Explore,   ISBN 978-3-7528-6785-5;

GPS Praxisbuch Garmin Edge 1030,   ISBN 978-3-7448-8338-2

Vorwort

Willkommen im Kreis der GPS Outdoor-Gerätenutzer, die sich für ein Gerät entschieden haben, welches für den rauen Einsatz im Gelände geschaffen ist, universell zu verwenden und mit Handschuhen gut zu bedienen ist.

Kurzum: ein Outdoor-Navi der Modellserie „GPSMAP 66" im bewährten und inzwischen auch schon kultigen Gerätekörper der Erstauflage.

Diese zu Papier gebrachte GPS-Schulung ist speziell auf GPS-Neulinge zugeschnitten, die somit nicht nur den Umgang mit diesem Geräte-Modell, sondern auch allgemeines Grundwissen zur GPS-Technik, Navigation, optionales Zubehör zum Gerät und den Einstieg in die Tourenplanung vermittelt bekommen.

- Kapitel 1 beginnt ganz leicht mit der Bedienung des Gerätes und zeigt gleichzeitig auch die damit verbundenen Einstellmöglichkeiten und Erweiterungen mit dem Smartphone,
- Kapitel 2 widmet sich dem gesamten Thema der Navigation,
- Kapitel 3 dreht sich um die Tourenplanung, -auswertung und -nachbearbeitung, Kartenmaterial und sonstige Arbeiten am heimischen Computer.

Hin und wieder erscheinen Software-Updates, durch die sich Bildschirmansichten, Funktionen oder Menüpunkte in geringer Weise verändern können. Dies sollte jedoch keine Auswirkung auf die Verständlichkeit dieses Buches haben.

Das Arbeiten mit der Garmin Karten-Software „BaseCamp" am PC ist hier als grundlegende Einführung enthalten. Für die ausführliche Anleitung empfehle ich mein weiterführendes

„GPS Praxisbuch – Tourenplanung mit Garmin BaseCamp"
ISBN: 978-3-8482-2144-8

Um bei der ganzen Sache unkompliziert und sportlich locker zu bleiben, hätte ich nichts dagegen, wenn wir uns duzen. Ist das okey?
Ich gehe mal von einem freudig zustimmenden „Ja gern" aus.
- Angenehm! Ich bin die Janet.   Na dann, legen wir los. Viel Spaß !

GPSMAP 66st
11:40
Tempo
2.6 km/h
Tages-km-Zähl.
9.77 km
Höhe
1847 m
Neigung
2%
120m
GARMIN
FIND
MARK
PAGE
MENU
QUIT
ENTER

Grundausstattung

Los geht´s mit:

- **GPS Gerät** – GPSMAP 66s/st

- **Kartenmaterial** für GPSMAP 66. Am besten routingfähig, damit das Gerät den Weg zum Ziel automatisch berechnen kann.
  Siehe ab Seite 3-131 (Beim GPSMAP 66st bereits vorhanden)

- **Für ganz Eilige**: Navigation mit eigenen Touren - ab Seite 2-100, Touren vom PC zum GPS-Gerät senden - ab Seite 2-101, Spontane Tourensuche, mobil unterwegs - ab Seite 2-108.

Für die volle Funktion und Zugriff auf Geräte-Updates:

- **Garmin Express** – Software für die Installation am PC/Mac als Zugang zu Geräte-Updates, Handbuch und Produktregistration für zusätzliche Garmin-Karten,
  aber auch: Weiterleitung zum Garmin-eigenen Portal für Aktiv- und Freizeitsportler „Garmin Connect": Auslesen sämtlicher Fitnessdaten aus dem GPS-Gerät.
  Download:
  https://www.garmin.com/de-DE/software/express/

Für die Tourenplanung oder -auswertung am PC bzw. Mac:

- **GPS-Kartensoftware** „BaseCamp" – zum Erstellen und Nachbearbeiten von Touren ohne Online-Verbindung.
  Zur Installation am Rechner, Download:
  https://www.garmin.com/de-DE/shop/downloads/basecamp

Für die Kommunikation zu Deinem Smartphone oder Tablet-PC:

- **Garmin Connect Mobile** – App
  Für alle diejenigen, die ihr GPS-Gerät mit allmöglichen Funktionen nutzen möchten.
  Zur Installation an Deinem Smartphone/Tablet, Download je nach Betriebssystem:
  - für iPhone im App-Store,
  - für Android im Google Play Store,
  - für Windows im Microsoft Store.

Kapitel 1 – Das Gerät

Technischer Überblick

Das **GPSMAP 66s** beinhaltet von Werk aus noch kein Kartenmaterial, welches den Weg zum Ziel automatisch ermitteln kann. Hier ist lediglich die Basiskarte im Gerät enthalten. Auf ihr werden nur Autobahnen, große Landstraßen, Städte als Punkte und große Gewässer dargestellt. Weiteres Kartenmaterial sehen wir uns in Kapitel 3/"Arbeiten am heimischen Computer" näher an.

Das **GPSMAP 66st** hingegen hat bereits eine routingfähige Freizeitkarte von Europa an Bord. Mit dieser bist Du sofort startklar, wenn es nun schon am Wochenende auf Wander-, Kletter- oder Fahrradtour bzw. auf Schatzsuche (dem Geocaching) gehen sollte und Du Dich navigieren lassen möchtest.

Beide Garmin Outdoor-Modelle besitzen ein stabiles, schlagfestes Kunststoffgehäuse und sind wasserdicht nach Standard IPX7 (30-minütiges Eintauchen in 1m tiefes Wasser, kein Salzwasser).

Sie verkraften Temperaturen zwischen -20 und +45°C und können somit über dem empfohlenen Temperaturbereich so mancher Batterien liegen.

Bei der Verwendung des optional erhältlichen Garmin NiMH-Akkupacks (Art.Nr.: 010-11874-00) erfolgt eine Aufladung nur im Temperaturbereich oberhalb der Nullmarke und bis +40°C, während bei der Verwendung herkömmlicher Akkus (2 AA) keinerlei Aufladung im Gerät stattfindet. Solche Akkus müssen mit einem externen Ladegerät aufgeladen und dann wieder in das Gerät eingelegt werden. Des Weiteren ist auch die Verwendung einer externen Stromquelle möglich, wie z.B. ein externer Akku (Powerbank) oder das KFZ Multiladegerät für den Zigarettenanzünder (Garmin Art.Nr. 010-10723-17) bei Verwendung im Pkw.

Wer das klare Display lange in diesem Zustand erhalten möchte, sollte seinem Gerät eine Displayschutzfolie gönnen. Achtung: Diese gibt es als klare oder antireflektierende Variante. Bei letzterer wird die ultraklare Durchsichtigkeit etwas vernachlässigt, dafür aber eben für Blendungsfreiheit gesorgt. (Ich selbst bevorzuge die klaren Folien.)

Die GPSMAP 66-Modelle sind mit hochempfindlichen GPS-Empfängerchips sowie GLONASS- und GALILEO-Unterstützung ausgestattet. Dichter Wald und enge Felsschluchten bringen diese Geräte also kaum noch aus der Fassung.

Die 66er-Modelle verfügen neben USB über folgende <u>Schnittstellen</u>:
- Über die **„ANT+"** Technologie, mit der die Koppelung zu optionalen Sensoren und Geräten wie Pulsmesser, Geschwindigkeits-, Trittfrequenz- und Temperatursensor, Garmin Aktion-Kamera „Virb" etc. möglich ist.
- Die **Bluetooth**-Schnittstelle, damit das GPSMAP 66 mit dem Smartphone kommunizieren kann. Per „Garmin Connect Mobile"-App kannst Du so auf Dein Garmin Fitnesskonto zugreifen und die Aufzeichnungsdaten über die Bluetooth-Verbindung Deines Handys aus dem GPS-Gerät holen. Diese Bluetooth-Schnittstelle nutzt das GPSMAP 66 aber auch für die Live-Tracking Funktion, mit der ausgewählte Personen Deine aktuelle Bewegung in Echtzeit mitverfolgen können.
  Dank der **B**luetooth **L**ow **E**nergy-Technik kann das GPSMAP 66 nun auch mit Garmin-fremden BLE-Sensoren gekoppelt werden.
- Die **WLAN**-Funkschnittstelle, über die eine unkomplizierte Datenübertragung zu einem anderen kabellosen Endgerät stattfinden kann (z.B. Dein WLAN-Router zu Hause). Somit sind Deine aufgezeichneten Fitness- und GPS-Daten der letzten Tour schneller in Deinem Connect-Fitnesskonto, als Du die Schuhe ausgezogen hast. Das Einrichten der WLAN-Verbindung sehen wir uns in Kapitel 3/ Software für den Computer > „Garmin Express – Das Manager-Tool" an.

Der <u>Speicher</u> der GPSMAP 66-Modelle kann durch eine microSD-Karte mit bis zu 32 GB erweitert werden (im Batteriefach unter den Batterien), welcher z.B. zum Ablegen von weiterem Garmin Kartenmaterial gut geeignet ist.
Ansonsten ist im Gerätespeicher selbst auch noch einmal mind. 7 GB Speicherplatz frei, z.B. für die GPS-Aufzeichnung der eigenen Bewegung mehrerer Monate und für vorbereitete Touren, die jeweils gerade

einmal ein paar hundert KB groß sind. Sollte der Aufzeichnungs-speicher dennoch voll werden, werden die ältesten Daten zuerst überschrieben.

Allgemeiner Umgang

Grundsätzlich sind GPS-Geräte dafür gedacht, dass es während der Aktivität dauerhaft in Betrieb ist (gern auch im Energiesparmodus). Man kann es zwar so handhaben, jedoch ist es nicht Sinn und Zweck der Sache, das GPS-Gerät erst dann aus dem Rucksack zu holen und anzuschalten, wenn man an der Weggabelung nicht mehr weiter weiß, so wie man es bisher mit der Papierkarte gemacht hatte.

Gerätestart

Na dann nimm doch mal das gute Stück aus dem Verkaufskarton und lege 2 AA-<u>Batterien</u> oder -<u>Akkus</u> ein. Die längsten Betriebszeiten werden mit aufgeladenen NiMH- oder Lithium-Akkus erreicht, letztere werden gerade für frostige Einsätze empfohlen. Mit einem Satz Akkus kann das GPSMAP 66 bei normalem GPS-Betrieb bis zu 16 Stunden arbeiten. Es gehört jedoch immer mindestens ein zweiter Satz Akkus ins Gepäck.

➜ Schaltet sich das Gerät bei zu niedrigem Batteriestand ab, bleiben trotzdem sämtliche Aufzeichnungen und eine eventuell gestartete Navigation gespeichert. Es geht nichts verloren. ⬅

Das Batteriefach befindet sich auf der Rückseite (D-Ring gegen den Uhrzeigersinn drehen und abheben), in welchem Du auch die <u>Seriennummer</u> des Gerätes und den Steckplatz für die microSD-Karte findest.

Oberhalb des Batteriefachs, mit einer Gummikappe abgedeckt, befindet sich der Steckplatz für den microUSB-Anschluss.

Die Bedienung des GPSMAP 66

Die Tasten und die Statusseite

Mit einem **kurzen** Druck auf die ① <u>EIN/AUS-Taste</u> (Gerätekante, oben) schaltest Du das GPSMAP 66 ein (mit einem 3-sekündigen Druck wieder aus).

Anwenderfreundlich begrüßt Dich das Gerät bei der allerersten Inbetriebnahme mit der Auswahl der Sprache. Mit den Pfeiltaten auf der mittig angeordneten Wipptaste blätterst Du im Menü nach unten, bis die Zeile „Deutsch" farbig markiert ist und bestätigst diese Auswahl mit Druck auf die „ENTER"-Taste. Mit dieser Sprachauswahl sollten auch erst einmal alle grundlegenden Einstellungen deutscher Gewohnheiten übernommen werden. Das heißt, dass z.B. die Einheiten metrisch, die Temperatur in Grad Celsius, die Höhe in Meter, das Zeitformat als „24 h" etc. angezeigt werden.

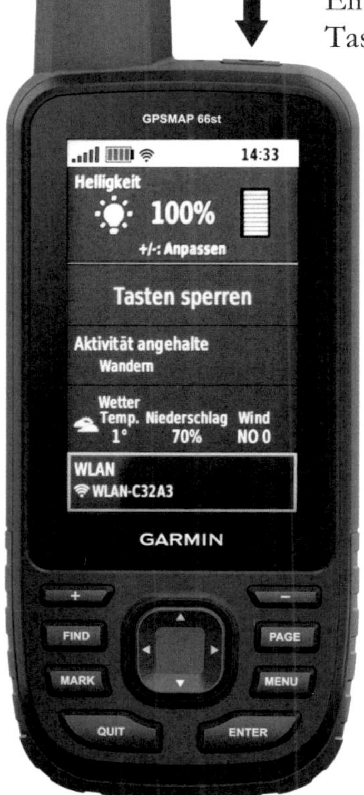

Ein weiterer kurzer Druck auf ① EIN/AUS-Taste bei eingeschaltetem Gerät wechselt zur <u>Statusseite</u>, wo Du mittels „ **+** " oder „ **−** " Taste die Helligkeit der <u>Displaybeleuchtung</u> ändern oder pro Tastendruck auf „ ① " sprungweise auf mittelhell, ganz hell oder ausschalten kannst. Durch Auswahl der hier angeordneten Zeilen erhältst Du den Schnellzugriff auf aktive Prozesse oder oft benötigte Einstellungen.

Sobald eine WLAN- oder Bluetooth-Verbindung besteht, wird hier auch eine Zeile mit den aktuellen <u>Wetterdaten</u> eingeblendet. Durch die Auswahl mit der Wipp- und ENTER-Taste gelangst Du zur Wettervorhersage und durch Betätigen der „QUIT"-Taste auch wieder zurück.

Abbildung 1-1   ① EIN/AUS-Taste: Schnellzugriff für Beleuchtung, Tastensperre, Bluetooth-/WLAN-Verbindung, Wetterdaten etc.

Nach 8 berührungslosen Sekunden blendet sich die Statusanzeige automatisch aus. Die gewählte Licht-Einstellung bleibt auch nach einem erneuten Einschalten des Gerätes bestehen.

Die Funktion der **Wipptaste** (mittig unter dem Display) bedarf wohl keiner größeren Erklärung: Wie es die darauf abgebildeten Pfeile vermuten lassen, kannst Du durch Druck auf die entsprechende Tastenkante die Auswahl am Bildschirm in die entsprechende Richtung bewegen, z.B. in Menülisten nach oben bzw. unten oder in der Kartenansicht mit dem Courser (Kartenzeiger) auf bestimmte Punkte zeigen sowie auch die ganze Kartenansicht am Bildschirm verschieben.

Mit der **QUIT-Taste** (links unter der Wipptaste) kann man bestimmte Vorgänge beenden oder aufgerufene Menüs verlassen. Diese Taste verwendet man auch, um die voreingestellte Seitenfolge zu durch-blättern, allerdings in umgekehrter Richtung als die

PAGE-Taste (rechts neben der Wipptaste). Mit dieser Taste blättert man durch die voreingestellte Seiten-folge zur benachbarten, rechten An-zeige, welche am unteren Rand des Displays in dem durchlaufenden Band symbolisch dargestellt wird. Pro Tastendruck wandert die Bandanzeige um ein Feld nach rechts und öffnet die in der Mitte liegende Auswahl nach etwa 2 Sekunden.
Die auswählbaren Anzeigen und des-sen Reihenfolge kann man in den Einstellungen „Einrichten" > Menüs > „Seitenfolge" selbst bestimmen.

Abbildung 1-2 Mit PAGE in der Seitenfolge blättern

Die PAGE-Taste kann man aber auch dafür nutzen, um aus einem weitverzweigten Untermenü mit einem Tastendruck in die zuletzt verwendete Anwendung bzw. das Hauptmenü zurück zu gelangen.

Die gleich darunter angesiedelte **MENU-Taste** (rechts unten, neben der Wipptaste) ruft in jeder Displaydarstellung mit einem Doppeltastendruck (2x schnell hintereinander) das Hauptmenü auf.

Mit einem einmaligen Druck ruft sie hingegen das Optionsmenü auf, welches der aktuellen Ansicht hinterlegt ist. Wenn Du also in einer Display-Ansicht nicht mehr weiter weißt, dann drückst Du auf diese Taste! Wenn Du z.B. im Wegpunkt-Manager einen Wegpunkt aufgerufen hast und Dich nun fragst: „Wie kann ich den Wegpunkt löschen?" Dann: 1x auf „MENU" drücken und nachsehen, welche Aufgaben hier zur Verfügung stehen. Oft erwartet man auch gar keine weiteren Möglichkeiten, dann trotzdem 1x auf die MENU-Taste drücken und sich überraschen lassen!

➡   Nicht vergessen: Weißt Du mit einer Displaydarstellung nichts anzufangen? Frage die „MENU"-Taste, welche Optionen sie bereithält.
⬅

Mit der **ENTER-Taste** (rechts unter der Wipptaste) wird eine Auswahl oder auftauchende Meldung bestätigt.

Mit der **MARK-Taste** (links unten, neben der Wipptaste) kannst Du Dir unterwegs Punkte abspeichern, die Dir wichtig sind. Diese können im Gerät genau benannt werden oder zu Hause am PC als einzelne Wegpunkte nachträglich bearbeitet und abgespeichert werden.

Die **FIND-Taste** (links neben der Wipptaste) steht als direkter Zugriff für das Starten und Beenden sämtlicher Navigationsaufgaben zur Verfügung. Sobald Du Dich vom GPS-Gerät zu einem Zielpunkt führen lassen möchtest, drückst Du diese Taste, um in das Auswahlmenü zu gelangen, in dem Du die POI-Sammlung und alle eigens im Gerät gespeicherten navigationstauglichen Objekte findest.

Und letztendlich erfüllen die **+ / − Zoomtasten** (direkt unter dem Display) in erster Linie mit dem Verkleinern und Vergrößern der Karten- und Höhenprofil-Ansicht ihren Zweck. Jedoch kann man mit ihnen auch in langen Auswahl-Listen seitenweise nach oben oder unten blättern, wie z.B. im Hauptmenü, während man sich mit der Wipptaste ja nur zeilenweise bewegen kann.

Das Hauptmenü

Durch doppelten Druck auf die MENU-Taste während des Gerätebetriebes lässt sich das Hauptmenü öffnen. Am oberen Display-Rand wird die Qualität des aktuellen GPS-Empfangs, der Batteriestand, evtl. bestehende drahtlose Verbindungen zu Bluetooth-, WLAN-Geräten oder ANT+ Sensoren sowie die Uhrzeit angezeigt.

Mit den Kategorie-Symbolen darunter hast Du Zugriff auf die Einstellungen und sämtliche Funktionen = Anwendungen.

Abbildung 1-3
MENU-Taste Doppeldruck: Hauptmenü

Grundeinstellung

<u>Sprache ändern</u>

Sollte Dir beim ersten Gerätestart bei der Sprachauswahl ein kleines Missgeschick passiert sein – Du also versehentlich eine Dir völlig undefinierbare Sprache gewählt haben –, so drückst Du 2x kurz hintereinander die MENU-Taste. In dem sich daraufhin öffnenden Hauptmenü bestätigst Du das 1. Feld links oben „Einrichten" und auf der wiederum neu erscheinenden Seite ebenfalls das 1. Feld links oben,

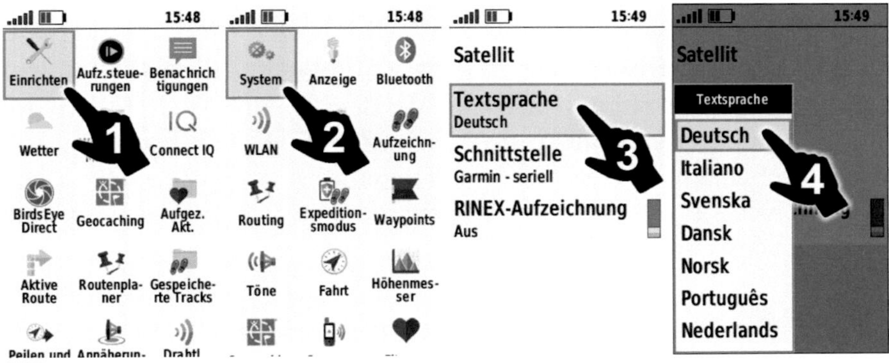

   Abbildung 1-4   Spracheinstellung , 4 Schritte

um die „System"-Einstellungen zu öffnen, worin Du mit der Wipptaste in die 2. Zeile springst und durch Druck auf die ENTER-Taste die Liste der Sprachauswahl öffnen und hier „Deutsch" auswählen kannst.

<u>Maß- und Zeiteinheiten überprüfen</u>

Drücke die MENU-Taste 2x kurz hintereinander um das Hauptmenü und die darin angeordnete „Einrichten"-Kategorie zu wählen. Navigiere hier mit der Wipptaste zu den ziemlich weit unten angeordneten Kategorien für „**Einheiten**" und „**Zeit**" und bestätige diese nacheinander durch Druck auf die ENTER-Taste. Sollten hier die Formate nicht den hierzulande üblichen metrischen Einheiten entsprechen, öffne jeweils die entsprechende Zeile mit ENTER, worauf sich eine Auswahlliste öffnet und wähle darin durch erneuten Druck auf die ENTER-Taste die gewünschte Einheit aus.

In der Kategorie „Zeit" empfiehlt sich das „24 Stunden"-Zeitformat zu wählen und die Zeitzone „Automatisch" per GPS-Empfang ermitteln zu lassen.

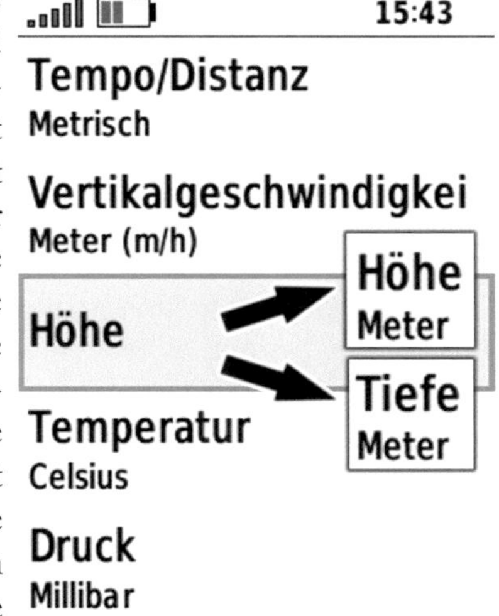

Abbildung 1-5 2x MENU-Taste > Einrichten > Einheiten

Senoren koppeln

So verbindest Du einen Garmin Pulsgurt, Trittfrequenz-/Geschwindigkeitssensoren für das Fahrrad, den Temperatursensor „tempe" (Garmin Art.Nr. 010-11092-30) oder das Digitale Bogenvisier „XERO" mit dem GPSMAP 66:

MENU-Tate Doppeldruck > „Einrichten" > „Sensoren"

Navigiere mit der Wipptaste in die entsprechende Zeile des gewünschten Sensors und öffne die dort hinterlegte Auswahl mit der ENTER-Taste. Koppelst Du den Sensor das erste Mal, wählst Du „Neu suchen". Nutzt Du den Sensor jedoch nicht immer, kannst Du diese Verbindung hier auch vorrübergehend „Aus"- und bei Bedarf wieder „Ein"-schalten. Dann musst Du den Sensor **nicht** „Neu suchen" lassen, nur „Ein"-schalten. Somit sparst Du den Strom, wo das GPSMAP sonst dauerhaft nach nicht vorhandenen Sensoren sucht.

GPS-Empfang

Mit dem Einschalten des Gerätes beginnt gleichzeitig im Hintergrund die Suche nach GPS-Signalen. Für den Gerätestart ist bestmöglicher Empfang wichtig, weswegen man das Gerät also immer auf einer Freifläche mit ungehindertem Blick zum Himmel einschalten sollte. Wird nach dem Einschalten des Gerätes kein Satellitensignal gefunden, erscheint eine Frage-Meldung im Display wie weiter verfahren werden soll. Befindet man sich im Raum, wie eben jetzt zum Kennenlernen des Gerätes, können wir den Empfang stromsparender Weise auch ab-schalten: Drücke dazu 2x kurz hintereinander die MENU-Taste und wähle in den sich öffnenden Menüs „Einrichten" > „System" > „Satellit" > „Satellitensystem" > „Demomodus". Damit schließt sich die Auswahl gleichzeitig und die Suche nach GPS-Empfang ist abgeschaltet. So können wir nun auch ohne GPS und vom Sofa aus einige Demonstrationen am Gerät ausführen.
Sollte man diese Demomodus-Einstellung vergessen macht das auch nichts, denn beim nächsten Gerätestart wird der Demomodus verworfen und **das GPSMAP startet immer automatisch mit der Suche nach GPS-Signalen.**

Kehre durch einmaligen Druck auf die PAGE-Taste oder mehrmaligen Druck auf die QUIT-Taste ins Hauptmenü zurück.

➜ Während der Suche nach GPS-Signalen ist auf der Kartenseite des ein kleines blinkendes Fragezeichen am Positionspfeil zu erkennen. Wurde kein Signal gefunden bleibt das Empfangssymbol im linken oberen Eck weiß bzw. bei schlechtem Empfang im Ansatz rot ausgefüllt. ⬅

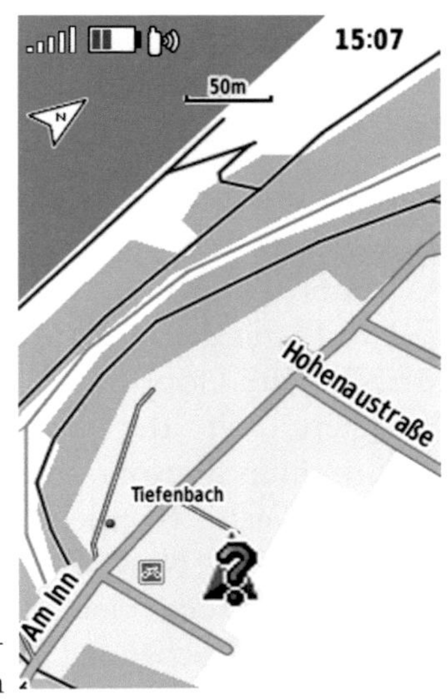

Abbildung 1-6 Noch kein GPS-Empfang vorhanden

Die eigene Bewegung aufzeichnen

Das Interessanteste auf der Tour sind ganz klar die Anzeigen über die aktuelle Fortbewegung. Damit meine ich die Karte, den Kompass, das Höhenprofil und den Reisecomputer. Daher sind diese Hauptanzeigen mit der PAGE- oder QUIT-Taste über die Bandanzeige schnell erreichbar. Wähle auf diese Weise nun also bitte die „Karte".

Abbildung 1-7
Vom Hauptmenü zur Kartenansicht wechseln und Aufzeichnung starten

Drücke nun die ENTER-Taste, um die Aufzeichnungssteuerung am unteren Bildschirmrand einzublenden und betätige nochmals die ENTER-Taste, um die Aufzeichnung der Fortbewegung zu starten.
Diese Funktion steht genauso auf der Kompass-, Höhenprofil- und Reisecomputer-Seite zur Verfügung.

Mit dem Starten der Aufzeichnung wird Deine Fortbewegung auf der Kartenseite als Türkis-farbige Linie dargestellt sowie sämtliche Zeit- und Distanzwerte gesammelt und als Zahlenwerte auf der Reisecomputer-Seite angezeigt. Das Aufzeichnen der eigenen Bewegung ist aus folgenden Gründen sinnvoll:
- Bei Nebel, Schneefall oder stark versandeten Wegen kann so auch derselbe Weg zurückverfolgt werden.
- An Kreuzungen lässt sich schneller erkennen woher man gekommen ist und in welche Richtung man weiter will.
- Eventuell möchte man diese Tour genauso noch einmal unternehmen bzw. ist auf ein unumgängliches Hindernis gestoßen und

möchte diese Tour nachträglich am PC zu einer besseren Variante abändern.

Aufzeichnung stoppen und abspeichern

Am Ende Deiner Tour beendest Du die Aufzeichnung, indem Du auf der z.B. Karten-, Kompass-, Reisecomputer- oder Höhenmesser-Seite die ENTER-Taste drückst, um die Aufzeichnungssteuerung zu öffnen und in dieser mit einem weiteren Tastendruck auf ENTER „Stopp" zu wählen.

Daraufhin erscheint die „Aktivität speichern"-Seite mit den Gesamtdaten der Tour. Sobald Du hier mit der Wipptaste in die Zeile mit Datum und Uhrzeit springst und dann mit der Wipptaste auf „rechts" drückst, kannst Du die nächste Seite mit weiteren Daten öffnen. Wie viele Seiten einer Ansicht hinterlegt sind, kannst Du an den kleinen Punkten im unteren Teil erkennen.

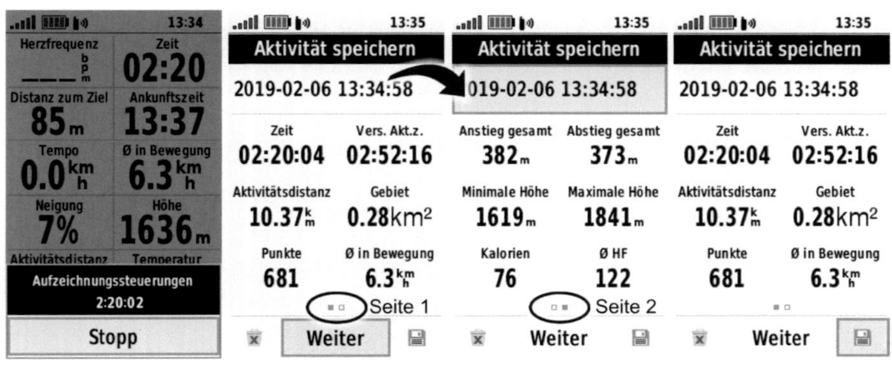

Abbildung 1-8 Aufzeichnung stoppen, abspeichern oder verwerfen

Hast Du zum Zweck einer Rast die Aufzeichnung gestoppt, kannst Du auf dieser Datenseite mit der Auswahl „**Weiter**" die Aufzeichnung fortsetzen. Somit werden die Zeit der Pause sowie extrem abweichende GPS-Aufzeichnungen durch z.B. schlechten Empfang (während Du Dich im geschlossenen Raum aufhältst) aus der Aufzeichnung ausgeschlossen. Willst Du hingegen die Aufzeichnung tatsächlich beenden und abspeichern oder löschen, wählst Du die entsprechenden Symbole am unteren Bildschirmrand (🖫 Diskette für **Speichern**, 🗑 Mülleimer für **Löschen**).

Die Aufzeichnung Deiner Fortbewegung wird automatisch mit dem Datum und der Uhrzeit des <u>Abspeicherns</u> betitelt. Du kannst der Tourenaufzeichnung allerdings auch gern einen aussagekräftigen Namen geben. Dies ist vor dem Abspeichern möglich, indem Du auf der „Aktivität speichern"-Seite (Abb.1-8 im 2.Bild v.li.) mit der Wipptaste nach oben in die Zeile mit dem Datum springst und dann die ENTER-Taste drückst.

Abbildung 1-9 Die Tourdaten nach eigenem Wunsch benennen und abspeichern

Das GMPMAP 66 ist von Werk aus so eingestellt, dass mit dem Abspeichern oder Verwerfen der aktuellen Aufzeichnung gleichzeitig auch die Datenfelder im Reisecomputer auf null zurückgesetzt werden. Diese Abhängigkeit kannst Du aber auch verändern (siehe Kap.1/ "Geräteeinstellungen" > "Spezialfunktion für Mehrtagestouren").

➜   Bei einer längeren Rast musst Du Dich gar nicht unbedingt um das Stoppen der Aufzeichnung kümmern. Denn Du kannst das Gerät auch einfach mit laufender Aufzeichnung ausschalten, genauso wie wenn die Batterien plötzlich leer wären. Wenn es dann weitergehen soll, schaltest Du das Gerät wieder ein, drückst auf der Karten-, Kompass-, Höhenmesser- oder Reisecomputerseite die ENTER-Taste und bestätigst mit einem weiteren ENTER-Tastendruck „Weiter". ⬅

Deine **abgespeicherte Aufzeichnung** findest Du dann im Ordner „Aufgez. Akt." (Aufgezeichnete Aktivitäten) und evtl. auch in „Gespeicherte Tracks" (Track-Manager) > Archivierte Tracks wieder. Diese Anwendungen findest Du im Hauptmenü (2x MENU-Taste).

Der Speicherort variiert je nach Einstellung, siehe „Ausgabeformat".

Wähle bitte im Hauptmenü die „Aufgez. Akt." und öffne diese Kategorie mit Druck auf die ENTER-Taste. In der obersten Zeile ist mit „Aktuelle Aktivität" die aktuell gestartete und noch nicht gestoppte/ gelöschte Aufzeichnung gemeint.

In den Zeilen darunter findest Du Deine bereits abgespeicherten Aufzeichnungen. Navigiere mit der Wipptaste in eine dieser Zeilen und bestätige sie mit Druck auf die ENTER-Taste. Es öffnen sich dessen interessante Fitness- und GPS-Details.

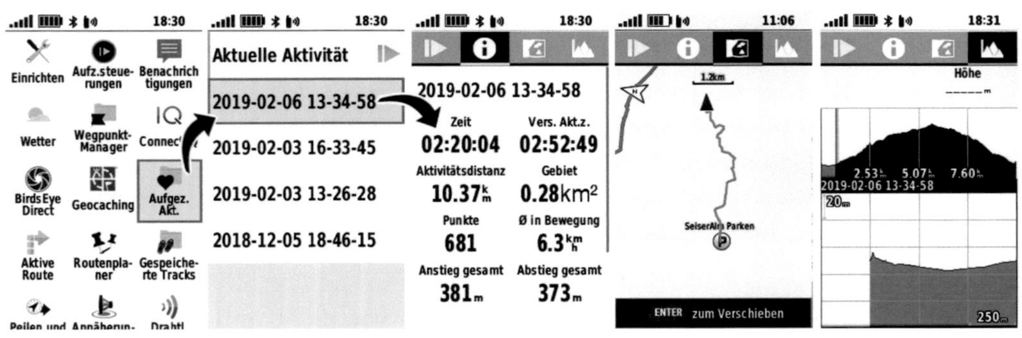

Abbildung 1-10 Aufgezeichnete Fitness- und GPS-Daten ansehen

Achte auf der Seite der Aktivitäten-Details (3., 4. u. 5.Bild v.li) auf die kleinen Symbole am oberen Bildschirmrand. Hiermit kann nämlich zwischen weiteren Seiten: den Gesamtdaten zur Tour „ⓘ", der Tracklinie in der Karte „ 🗺 " und der Darstellung im Höhenprofil „ 📈 " umgeschaltet werden.

Durch das Betätigen der MENU-Taste bekommst die Möglichkeit „Als Track speichern". Das heißt, dass diese Aufzeichnung in einen Track (Fortbewegungslinie) umgewandelt wird, der dann im Hauptmenü in der Kategorie „Gespeicherte Tracks" wiederzufinden ist und zum wiederholten Ablaufen/-fahren mit „Los!" verwendet werden kann.

Möchtest Du eine Aufzeichnung löschen, wählst Du diese in der Kategorie „Aufgez. Akt." bzw. „Gespeicherte Tracks" mit der ENTER-Taste aus und drückst dann die MENU-Taste, in der die Auswahl „Löschen" erscheint. Diese bestätigst Du abermals mit der ENTER-Taste.

Während der Bewegung

Sobald Du wie eben beschrieben Deine Aufzeichnung gestartet und Dich in Bewegung gesetzt hast (Abb. unten, 2.-4. Bild v.li.) wird Deine aktuelle Situation und Dein Fortschritt in der Karte, auf der Kompass-Seite, in der Höhenmesser-Ansicht und im Reisecomputer dargestellt. Diese Seitenfolge durchblätterst Du mit der PAGE-Taste nach rechts oder mit der QUIT-Taste nach links.

Solltest Du die erscheinende Bandanzeige als störend empfinden, kannst Du diese auch im Hauptmenü > Einrichten > Menüs > Seitenfolge > Seitenbandanzeige „Aus"-schalten.

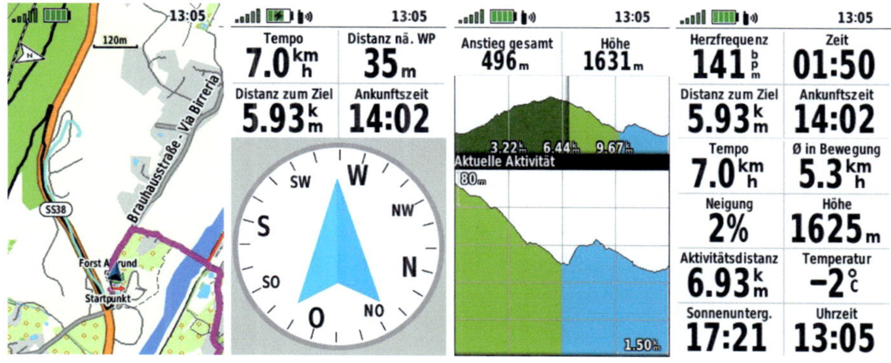

Abbildung 1-11   4 Hauptseiten, Information während der Tour: Karten-Ansicht, Kompass/Fahrtrichtungszeiger, Höhenmesser, Reisecomputer,

Sind Dir die 5 voreingestellten Seiten zum Durchblättern zu viel und Du möchtest z.B. auf Kompass und Hauptmenü verzichten, kannst Du dies in den Einstellungen anpassen. Drücke dazu 2x kurz die MENU-Taste, um das Hauptmenü zu öffnen, und wähle hier Einrichten > Menüs > Seitenfolge > Seitenfolge bearbeiten. Navigiere mit der Wipptaste auf die nicht mehr gewünschte Anzeige, bestätige mit ENTER und wähle im erscheinenden Menü „Entfernen".

Genauso kannst Du mit „Verschieben" die ausgewählte Seite in ihrer Reihenfolge des Durchblätterns ändern, dass also z.B. rechts neben der Karten-Ansicht die Höhenprofil-Seite und links von der Karte die Reisecomputer-Seite liegt.

Ganz unten in der Liste der Seitenanordnung findest Du auch die Option „Seite hinzufügen". So ist z.B. während einer Navigation die „Anwendung" > „Aktive Route" ganz sinnvoll sowie vielleicht generell auch die Seite mit der „Aufzeichnungssteuerung", um kurzerhand auf alle Daten zur bisherigen Tour zugreifen zu können.

Abbildung 1-12
Bsp. zusätzlicher Seiten für die Bandanzeige
„Aktive Route" | „Aufz.steuerungen"

Die Tastensperre 

Wenn Du nun z.B. die Kartenseite verwendest und das Gerät jedoch in die Tasche stecken möchtest, ist es ratsam die Tastenfunktion zu deaktivieren. Drücke dazu in der Ansicht, in der Du Dich gerade befindest und auch bleiben möchtest, die ① EIN/AUS-Taste und bestätige dort den Menüeintrag „Tasten sperren" mit der ENTER-Taste.

Zum Entsperren genügt dann ein weiterer Tastendruck auf ① .

Das Arbeiten in der Kartenansicht

Während der Fahrt bewegt sich die Karte mit Deiner Bewegung mit. Durch Betätigen der **+** oder **–** Taste kannst Du jederzeit den Darstellungsmaßstab der Karte vergrößert oder verkleinert werden.

Die von Werk aus in <u>Fahrtrichtung</u> eingestellte Kartenausrichtung kann über die MENU-Taste > Karteneinstellungen > Ausrichtung auch auf „Norden oben" oder „Fahrzeugmodus" (die 3D-Sicht wie bei Pkw-Navis) umgestellt werden.

Möchte man sich jedoch z.B. über den Wegverlauf außerhalb des Bildschirmausschnittes informieren, muss man diesen „mitlaufenden" Karten-Modus verlassen. Dazu drückst Du dauerhaft auf die Seite der Wipptaste, in dessen Richtung die Karte verschoben werden soll. Es erscheint ein weißer Pfeil, der wenn er an der Bildschirmkannte angelangt ist die Karte weiterschiebt.

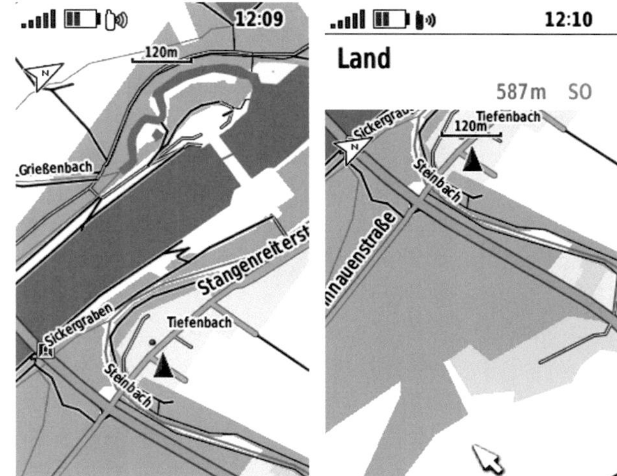

Abbildung 1-13
Den Kartenausschnitt
verschieben
Mit QUIT beenden !!!

➔   Hast Du alles gesehen, was Du sehen wolltest, und möchtest nun Deine Bewegung fortsetzen, so ist unbedingt daran zu denken, dass Du mit einem Tastendruck auf **QUIT** aus der manuell beweglichen Kartenansicht in die normale, automatisch „mitlaufenden" Karten-ansicht zurückkehren musst !!!
Die normale Kartenansicht erkennst Du daran, dass sich Dein blauer Positionspfeil automatisch in der Mitte des unteren Drittels befindet.
←

Das Arbeiten in der Höhenprofilansicht

Um die folgende Übung mitmachen zu können, wähle bitte mit der FIND-Taste im Zieleingabemenü ganz unten > „Geographische Punkte" > und hier in der Kategorie „Landnutzung" einen höher gelegenen Punkt (Höhenangabe wird meist nach dem Namen angezeigt). Es öffnet sich die Karte mit dem gewählten Punkt und der Option „Los" am unteren Bildschirmrand. Drücke die ENTER-Taste, so dass die Navigation zu diesem Punkt startet. Blättere nun mit der QUIT- oder PAGE-Taste zur „Höhenmesser"-Seite.

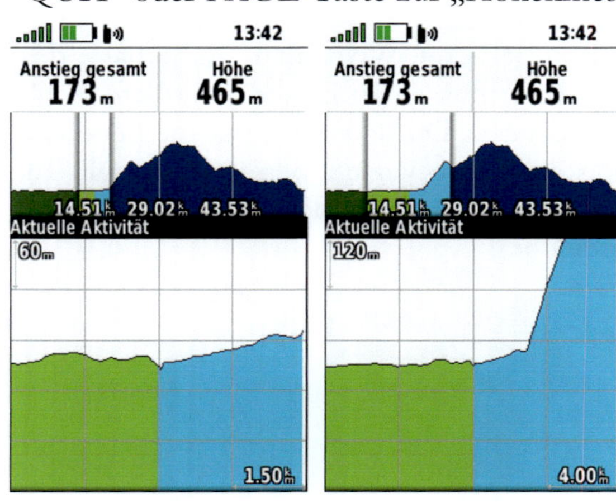

Aufgeteilt in die Übersichtsgrafik im oberen Teil und die Detailgrafik im unteren Teil wird hier der bisher aufgezeichnete Höhenverlauf in grün und der noch bevorstehende Höhenverlauf in blau dargestellt.

Abbildung 1-14 Detailausschnitt des Höhenprofils verändern: **+/-**

Wurde kein Ziel ausgewählt und mit „Los" gestartet, wird auch kein bevorstehendes, blaues Höhenprofil angezeigt. Die bisher gesammelten Höhenmeter und die aktuelle Höhe werden in den zwei Datenfeldern am oberen Bildrand angezeigt. (Die voreingestellten Datenfeldwerte lassen sich über die MENU-Taste auch durch andere ersetzen, „Datenfelder ändern".)

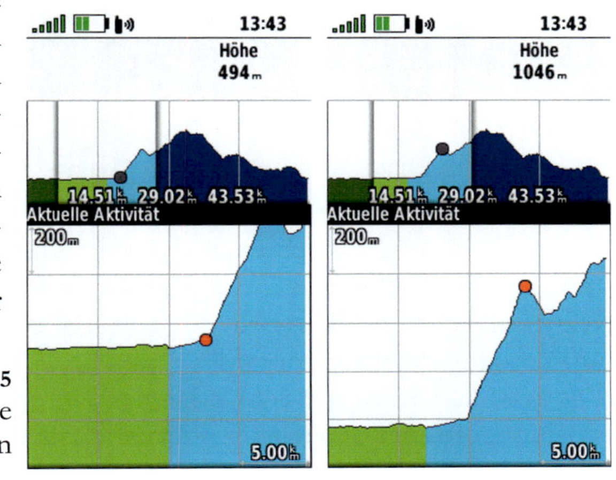

Abbildung 1-15
Die bevorstehende
Anstiegshöhe ermitteln

Mit der **+** oder **−** Taste bestimmt man zuerst die Größe des Ausschnittes, den man sich genauer ansehen möchte (Abb.1-14). Danach wählt man die ▶ rechte Kante der Wipptaste, wodurch eine rote Positionskugel erscheint (Abb.1-15). Diese lässt sich mittels Wipptaste in der unteren Grafik horizontal verschieben.

Um nun zu erfahren wir hoch ein bevorstehender Anstieg ist, kann so die Kugel einmal an die Stelle des Gipfels (1046m) und an die tiefste Stelle vor dem Gipfel (494m) geführt werden. Anhand der dann am oberen Bildrand angezeigten Höhendaten lässt sich errechnen, dass dieser Anstieg 552 Höhenmeter überwindet.

Um das Verhältnis der Darstellung von Distanz und Höhe unabhängig voneinander zu verändern, wählt man über die MENU-Taste die Option „Zoombereiche anp." (anpassen) und kann dann mithilfe der Wipptaste die entsprechende Achse verändern:

Distanz = x-Achse ◀ ▶ ,

Höhe = y-Achse ▲▼ .

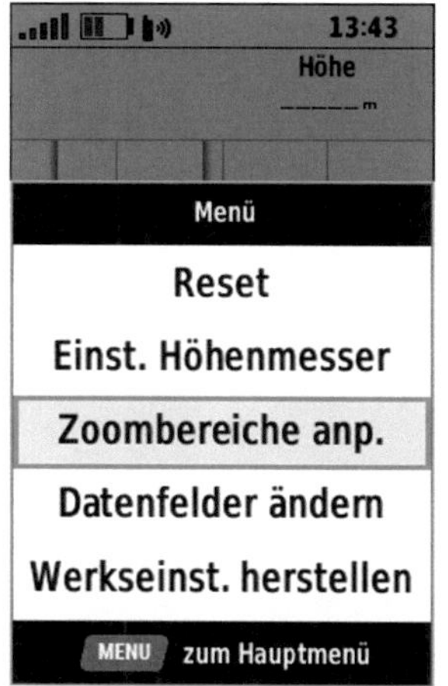

Abbildung 1-16
Höhendarstellung verändern

Es ist normal, dass man die Höhengrafik unterwegs öfters verändert. Denn zu Beginn eines langen Anstieges möchte man den Höhenverlauf bis zum Gipfel meistens lieber noch gar nicht im Gesamten sehen, während man später beim Dahinschwinden jeglicher Kletterkräfte schon sehr dringend und genau wissen möchte, wieviel Höhenmeter es noch bis zum erlösenden Gipfel sind.

Falls das GPSMAP die aktuelle Höhe falsch anzeigt, kannst Du durch Druck auf die MENU-Taste die Option „Einst. Höhenmesser" (Einstellungen) öffnen, womit Du zur „Höhenmesserkalibrierung" gelangst. Diese startest Du mit der ENTER-Taste und kannst im Anschluss entweder die Dir bekannte Höhe eingeben oder das automatische „Kalibrieren" starten.

Die Kompass-Seite nutzen und anpassen

Blättere mit der QUIT- oder PAGE-Taste zur Kompass-Seite. Diese Seite zeigt im Ausgangszustand den Kompass ohne Kompass-Nadel an (1.Bild v.li.).

Der elektronische 3-Achsen-Kompass ermöglicht es, dass Du auch im Stillstand die korrekte Himmelsrichtung angezeigt bekommst und das Gerät dabei nicht unbedingt waagerecht halten musst. Dabei solltest Du Dich allerdings nicht in der Nähe von Gegenständen aufhalten, die Magnetfelder beeinflussen (wie Autos, Gebäude, überirdische Stromleitungen etc.).

Das GPSMAP 66 ist von Werk aus so eingestellt, dass es sich beim Einschalten automatisch selbst kalibriert. Solltest Du jedoch widersprüchliche Anzeigen erhalten (z.B. nach langen Strecken, starken Temperaturveränderun-gen), kannst Du den Kompass auch gern selbst kalibrieren: MENU-Taste > „Kompasskalibrierung".

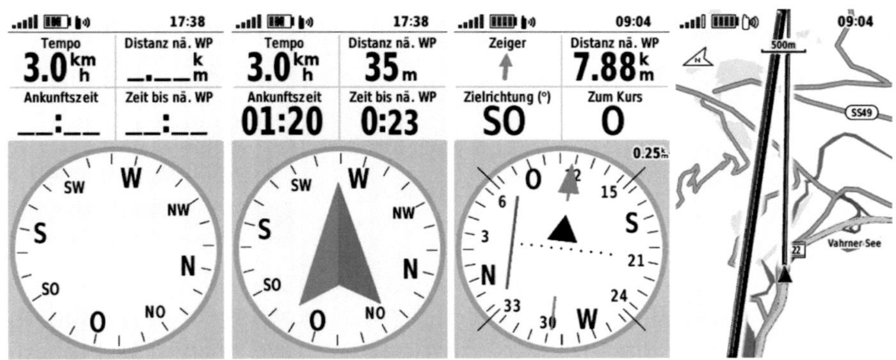

Abbildung 1-17 Verschiedene Einstellungen von Kompass und -seite

<u>Bild 1 bis 3:</u>

Die von Werk aus voreingestellten Datenfelder bzw. die gesamte Anzeige oberhalb des Kompasses kann nach Belieben geändert werden.

Um die Anzeige zu ändern, wähle mittels MENU-Taste **„Anzeige ändern"** und dann die gewünschte Darstellung (hier: „Kleine Daten-felder).

Um die Werte in den **Datenfeld**ern oberhalb des Kompasses zu **ändern**, wähle mittels MENU-Taste „Datenfelder ändern" und navigiere mit der Wipptaste in das entsprechende Feld, dessen Wert Du durch einen anderen ersetzen möchtest. Drücke dann die ENTER-Taste und wähle aus der erscheinenden Liste einen Wert, der Dir besser gefällt. Hierzu eignen sich besonders Werte aus den Gruppen „Navigation" und „Richtung".

<u>Abb. 1-17, Bild 2 bis 4</u>:
Die Darstellung des Kompasses selbst lässt sich natürlich auch verändern. Drücke hierzu wieder die MENU-Taste und wähle „Steuerkurs-Einst.". In der Zeile „Zielfahrt-Linie/Zeiger" kannst Du mit der ENTER-Taste die Auswahl für eine große, mittlere oder kleine Kompass-Nadel wählen oder Dich für den „Kurs"-Zeiger (CDI-Modus) entscheiden. Bei letzterem (3.Bild v.li.) wird Dir nicht nur die Richtung zum Zielpunkt, sondern auch die aktuelle Abweichung vom vorgeschlagenen Kurs durch den abwandernden Mittelteil des Pfeils dargestellt. Im CDI-Modus zeigt die Kartenseite (Bild 4) dann ebenfalls die ursprüngliche Richtung zum Zielpunkt als dicke Linie sowie die Richtung von Deiner aktuellen Position zum Zielpunkt als dünnere Linie.

Wenn man also vom vorgeschlagenen Weg abkommt oder ein Hindernis umgehen muss, ergeben sich die 2 unterschiedlichen Richtungsangaben wie im 3. Bild von links:

- „Zielrichtung(°): SO" Du solltest Dich in südöstlicher Richtung bewegen, um auf Dein gewähltes Ziel bzw. Zwischenziel zu treffen.
- „Zum Kurs: O" bedeutet: Bewege Dich Richtung Osten, um auf kürzestem Weg zur ursprünglichen Navigationslinie – dem Kurs – zurückzukehren.

Die genauen Erklärungen für alle Datenfeldwerte findest Du im Anhang des GPSMAP 66-Handbuches von Garmin.

Den Reisecomputer nutzen

Blättere mit der QUIT- oder PAGE-Taste zur Reisecomputer-Seite. Das ist die Seite mit den vielen Datenfeldern. Hierin werden alle Daten zur aktuellen Position sowie zum Tour-Fortschritt angezeigt, so wie man es von einem Fahrrad-Tacho kennt.

Mit der Option „**Reset**" (MENU-Taste) lassen sich die Daten der Reisecomputer-Seite auf null bzw. Ausgangswerte zurücksetzen*. Falls das beim Abspeichern der letzten Tour noch nicht geschehen ist, solltest Du wenigstens vor Beginn der neuen Tour die Daten im Reisecomputer zurücksetzen bzw. besser die „Aufz.steuerungen" im Hauptmenü öffnen und eine evtl. noch laufende Aufzeichnung stoppen und verwerfen bzw. speichern.

<u>* Aktuelle Aufzeichnung unterteilen</u>

Doch Achtung: Mit „Reset" auf der Reisecomputer-Seite werden wirklich nur die Datenfeldwerte bereinigt. Jedoch die mit der ENTER-Taste gestartete „Aktuelle Aufzeichnung" läuft im Hintergrund weiter (gut zu sehen im Hauptmenü > Aufz.steuerungen > Registerseite " ▐▶ "). Das kann man z.B. dafür nutzen, wenn man auf der Tour den Rückweg antritt und nun eben nur die Bewegungsdaten des heimwärts führenden Weges am Display sehen möchte. Sinnvoll sind dann hierbei die 2 Datenfeldwerte „Distanz bei Aktivitäten" (Entfernung seit Start) und „Tages-km-Zähler" (Entfernung seit „Reset").
Siehe hierzu auch „Spezialfunktion für Mehrtagestouren" Seite 58.

<u>Darstellung der Reisecomputer-Seite ändern</u>

Die Aufteilung der Felder (Anzahl) und welche Daten gezeigt werden sollen, lässt sich über die MENU-Taste einstellen.

Abbildung 1-18
Reisecomputer-Seite
mit 3 Datenseiten

..ıll ▐▐▐▐ ▌»	11:43
Herzfrequenz **89** bpm	Zeit **28:56**
Distanz zum Ziel **23.0** km	Ankunftszeit **21:24**
Tempo **0.0** km/h	Ø in Bewegung **5.2** km/h
Neigung **12%**	Höhe **1673** m
Aktivitätsdistanz **1.91** km	Temperatur **−3°C**
Sonnenunterg. **17:21**	Uhrzeit **11:43**

..ıll ▐▐▐▐ ▌»	11:43
Herzfrequenz **89** bpm	Zeit **28:58**
Distanz zum Ziel **23.0** km	Ankunftszeit **21:24**
Vertikalgeschw. **250** m/h↓	Neigung **12%**
Keine	Keine
Keine	Keine
Höhe **1673** m	GPS-Höhe **1654** m

Wähle hierzu „Seite einfügen", um über **mehrere Datenseiten** zu verfügen, die man dann mit der Wipptaste ◀ ▶ durchblättert. Die 4 oberen Datenfelder bleiben dabei auf allen Seiten gleich. Hat man sich mehrere Datenseiten eingerichtet, signalisiert beim Durchblättern ein schmaler Balken am unteren Bildschirmrand, auf welcher Seite man sich befindet. Im gezeigten Beispiel stehen 3 Datenfeldseiten zur Verfügung.

Mit der MENU-Tastenauswahl „Anzeige ändern" kann man z.B. statt der oberen 4 „Kleinen Datenfeldern" 1 „Großes Datenfeld" oder den „Höhenmesser", „Kompass", „Stoppuhr" etc. einblenden lassen.

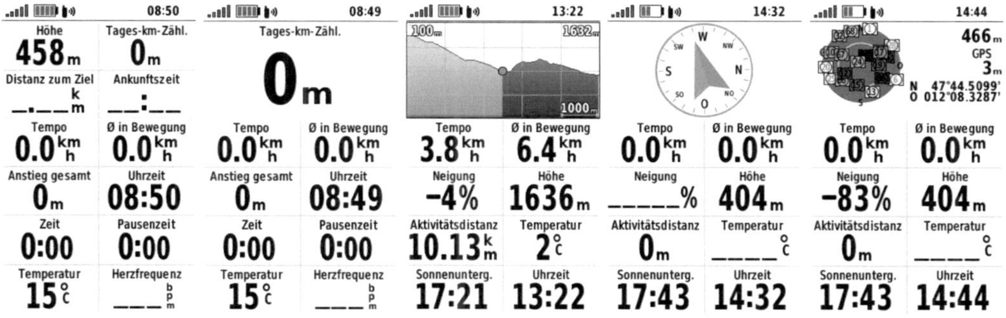

Abbildung 1-19 Verschiedene Anzeigen auf der Reisecomputer-Seite
1: Kleine Datenfelder, 2: Großes Datenfeld, 3: Höhenmesser, 4: Kompass, 5: Satellit

Mit der MENU-Tastenauswahl „Weniger Daten" verringert man die Anzahl der 8 unteren Datenfelder, um somit größere Felder für eine bessere Sichtbarkeit zu erzeugen.

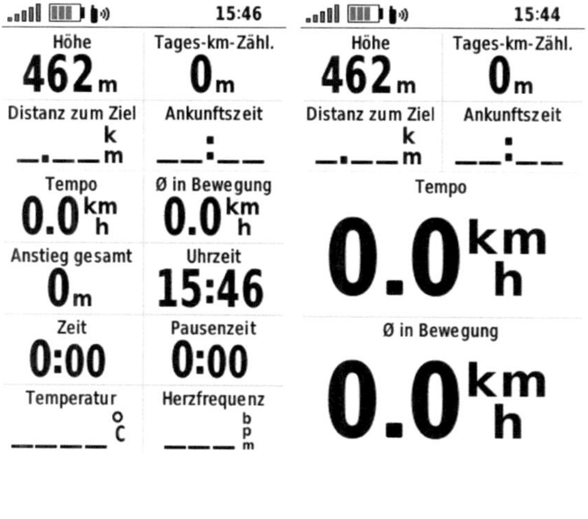

Abbildung 1-20
MENU-Taste: Weniger Daten

<u>Die Werte der einzelnen Datenfelder</u> :

…lassen sich mit einem MENU-Tastendruck und der Auswahl „Datenfelder ändern" ganz nach Belieben auswählen. Navigiere dazu mit der Wipptaste in das entsprechende Feld, welches zu ändern ist und drücke die ENTER-Taste. Es öffnet sich eine Liste mit den verschiedensten Feldwerten, unterteilt in Kategorien zum schnelleren Auffinden. Überlege nun, welche Werte Dich unterwegs interessieren könnten und richte Dir alle Datenfelder dementsprechend ein. Eine Übersicht aller verfügbaren Datenfeldwerte mit dessen Erklärung findest Du im Anhang Deines GPSMAP 66-Handbuches von Garmin.

Abbildung 1-21 Bsp. Datenfelder

Ganz praktische Datenfelder aus der Kategorie „Navigation" sind z.B.:

- „Distanz zum Ziel";
- Erwartete „Ankunftszeit" am Ziel,
- „Distanz b. nä. Str.p." (Distanz bis nächster Streckenpunkt) = Entfernung bis zur nächsten Kreuzung;

Aus der Kategorie „Höhe":

- aktuelle „Höhe", „Neigung", „Anstieg gesamt",
- „Vertikalgeschwindigkeit" = in welcher Schnelligkeit man Höhenmeter überwindet (z.B. beim Wandern: Meter pro Stunde);

Aus der Kategorie „Straßennavigation":

- „Tempolimit" = erinnert in vielen Verkehrssituationen an die vorgegebene Geschwindigkeitsbeschränkung (funktioniert nur bei Verwendung einer Garmin Straßenkarte „City Navigator");

Aus der Kategorie „Aktueller Status":

- „Temperatur" bei Verwendung des Temperatursensors (tempe) der z.B. am Rucksack befestigt werden kann;

Aus der Kategorie „Zeit" kann die Zeit des „Sonnenuntergangs" ganz interessant sein, um die Tour noch bei Tageslicht beenden zu können;

Sowie aus der Kategorie „Fitness“:

- diverse Zwischenzeiten (Runden), Herzfrequenz, Aufstiegsabschnitte (Rundenanstieg).

Aber natürlich sind auch die altbekannten Reisewerte wie man sie von einem Fahrradtacho kennt sehr interessant, wie z.B.:

- Geschwindigkeit („Tempo“);
- Maximale Geschwindigkeit;
- Tempo - Ø Gesamt, Tempo - Ø in Bewegung;
- Distanz bei Aktivitäten (ist die gesamte aufgezeichnete Entfernung des Tracks im aktuellen Aufzeichnungsspeicher, siehe hierzu die Einstellungen der „Daten zurücksetzen“-Funktion, Seite 58);
- Kilometerzähler (alle mit dem GPSMAP 66 jemals erfassten KM, lassen sich nur im Hauptmenü > Einrichten > „Reset: Alle Werte“ oder mit dem absoluten Hard Reset auf null stellen);
- Uhrzeit.

Der Wert „Runden-Distanz“ aus der Kategorie Fitness zeigt nur dann einen Wert, wenn Du die Stoppuhr verwendest bzw. in der Stoppuhr-Anwendung (zu erreichen im Hauptmenü) über die MENU-Taste > „Akt.syn. akt.“ die Synchronisation der Stoppuhr-Funktion mit Deiner aktuellen Aufzeichnung aktiviert hast.

Somit kannst Du während der Fahrt auch weitere „Runden“-Unterteilungen setzen, um so beispielsweise zum einen die in der Ebene zurückgelegte Strecke und zum anderen den „Bergauf“-Abschnitt voneinander zu trennen. Womit ja eben auch die Werte von Geschwindigkeit und Aufstiegsmetern für diese Abschnitte separat gezählt werden und nachträglich im Garmin Connect Fitnessportal ausgewertet werden können.

Noch etwas verzwickter erscheinen die zeitbezogenen Datenfeldwerte, da hier auch noch dazu kommt, dass die Bezeichnung in der Auswahl-Liste nicht zu 100% der Betitelung im Datenfeld entspricht:

- „Verstrichene Akt.zeit“ (Verstrichene Aktivitätszeit, i. d. Kategorie „Fitness“ zu finden) = die kontinuierlich laufende Gesamtzeit, sobald eine Aufzeichnung gestartet wurde bis Du diese Aufzeichnung beendest und den Aufzeichnungsspeicher löschst (inklusive der

Abbildung 1-22   Reisecomputer-Ansicht mit diversen Zeitwerten und der Anzeige Stopp-Uhr

weiterlaufenden Zeit, wo die Aufzeichnung bei einer Rast angehalten und das GSPMAP 66 evtl. sogar ausgeschaltet wurde).

- „Reisedauer" (aus der Kategorie: Reisedaten) wird im Datenfeld nur mit „Zeit" betitelt und addiert sich aus „Reisedauer in Bewegung" („Zeit in Fahrt") und „Reisedauer, Stand" („Pausenzeit").
- „Gesamtrundenzeit" und „Aktuelle Runde" (in der Kategorie „Fitness" zu finden) zeigen die Zeitwerte, die zusätzlich mit der Stopp-Uhr als Gesamtzeit oder evtl. auch mit Unterteilungen gestoppt wurden. Mit der Anzeige der „Stoppuhr" im oberen Teil des Reisecomputers werden diese Rundenzeiten sowieso angezeigt und müssen nicht extra als Datenfeldwert ausgewählt werden.

Beispiele

Interessante Datenfelder, wenn man zu Fuß unterwegs ist:

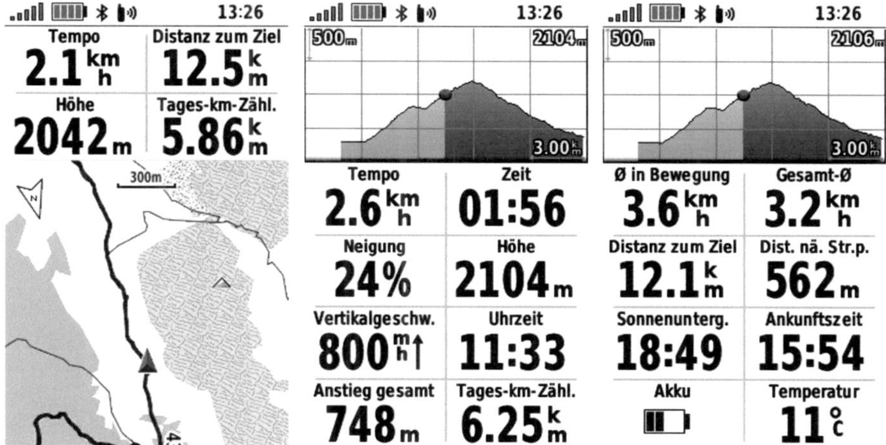

Abbildung 1-23   Karte mit Anzeige von „Kleinen Datenfeldern“,
                  2 Reisecomputer-Seiten mit Anzeige „Höhenmesser“

Schwinden dann die Kräfte, wird das Interesse an den Daten groß, die noch bevorstehen. Die „Aktive Route“-Ansicht und das Höhenprofil geben darüber bestens Auskunft:

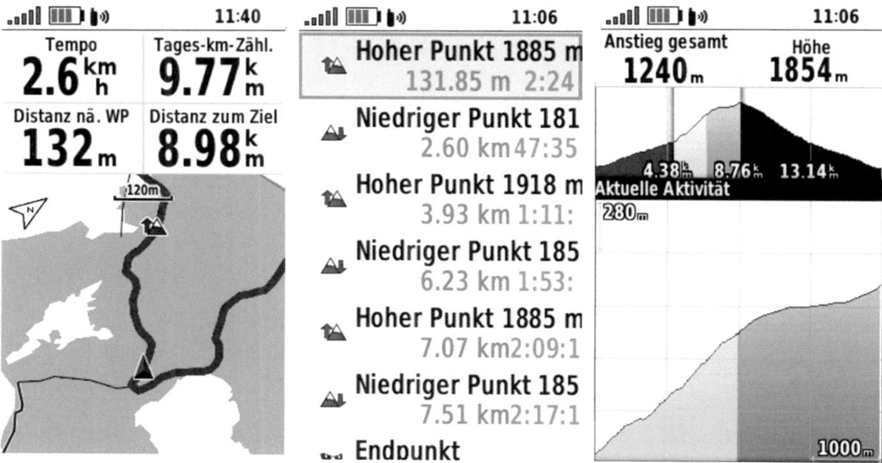

Abbildung 1-24   Karte mit dem geplanten und aktuellen Tourverlauf, Aktive Routen-Ansicht mit den bevorstehenden Punkten und Höhenprofil-Ansicht

Die aktuelle Aufzeichnung

Die GPS-Daten, die während Deiner Fortbewegung das GPSMAP 66 sammelt, werden als „Aktuelle Aktivität" bezeichnet. Obwohl man beim GPSMAP 66 durch die nutzerfreundliche Bedienung die aktuelle Aufzeichnung in den Anzeigen „Karte", „Kompass", „Höhenmesser" und „Reisecomputer" mit der ENTER-Taste starten und beenden kann, möchte ich Dir eine weitere Seite zeigen, die Dir noch während der laufenden Aufzeichnung dessen Gesamtdaten und einige Infos mehr zeigt oder Dir auch für einen besseren Überblick dient.

Öffne dazu bitte mit Doppeldruck auf die MENU-Taste das Hauptmenü und wähle dort „Aufz.steuerungen" (Aufzeichnungssteuerung). Die Funktion der daraufhin erscheinenden Detailseite (Abb. unten) ist in mehrere Registerseiten aufgeteilt. Achte hier auf die kleinen Symbole am oberen Bildschirmrand und die Optionen der MENU-Taste, die der jeweiligen Registerseite zur Verfügung stehen!

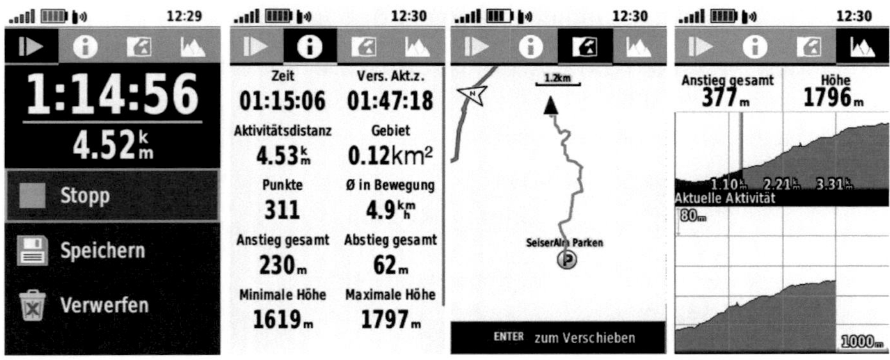

Abbildung 1-25 Aufzeichnungssteuerung

Die erste Seite, die das kleine ▶ Play-Symbol am oberen Bildschirmrand zeigt, ist die eigentliche Aufzeichnungssteuerung. Auf dieser Seite kannst Du also jederzeit Deine aktuelle Aufzeichnung durch Bestätigen des ▶ Play-Symbols starten und mit dem dann erscheinenden ■ Stopp-Symbol stoppen bzw. unterbrechen und auch wieder fortsetzen sowie am Ende 🖫 „Speichern" oder 🗑

„Verwerfen". Zeichnet Dein GPSMAP 66 derzeit auf, ist das ▶ Play-Symbol am oberen Bildschirmrand grün gefärbt. Ist momentan keine Aufzeichnung aktiv

ändert sich dessen Farbe zu gelb-orange. Mit derselben Farbkennung kannst Du bereits im Hauptmenü den Kategorie-Button „Aufz.steuerungen" erleben und auf die Schnelle sehen, ob das Gerät derzeit aufzeichnet oder nicht.

Abbildung 1-26

Auf der „ⓘ"-Seite der Aufzeichnungssteuerung kannst Du mit einem Tastendruck auf MENU die <u>Farbe der aktuellen Aufzeichnung</u> festlegen sowie „Nicht anzeigen" wählen. Letzteres bedeutet: Die aktuelle Aufzeichnung würde dann in der Karte **nicht** zu sehen sein (was nicht zu empfehlen ist).

Abbildung 1-27
TracBack: Den Weg
zurück starten

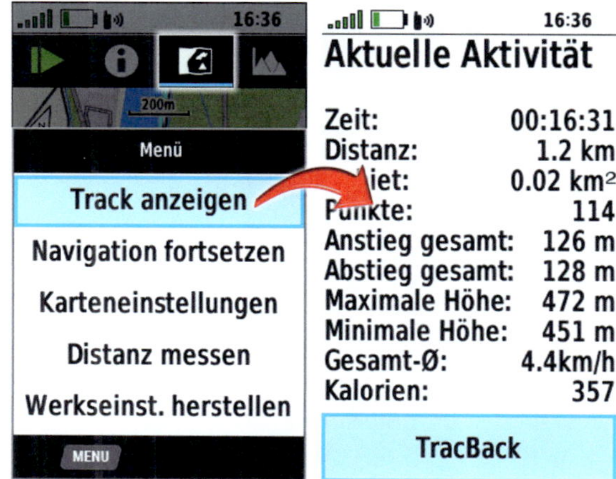

Auf der Registerseite „ 🗺 " (Karte) wird die aktuell laufende Aufzeichnung grafisch dargestellt. Durch Druck auf die MENU-Taste und der erscheinenden

Option „Aktueller Track" wird die aktuelle Aufzeichnung nochmals in Zahlen gezeigt und man erhält Zugriff auf den „<u>TracBack</u>"-Button, um die rückwärtige Navigation zum Startpunkt auszulösen.

Und letztendlich ist auf der Registerseite „ ▲ " der bisherige Höhen-verlauf zu sehen.

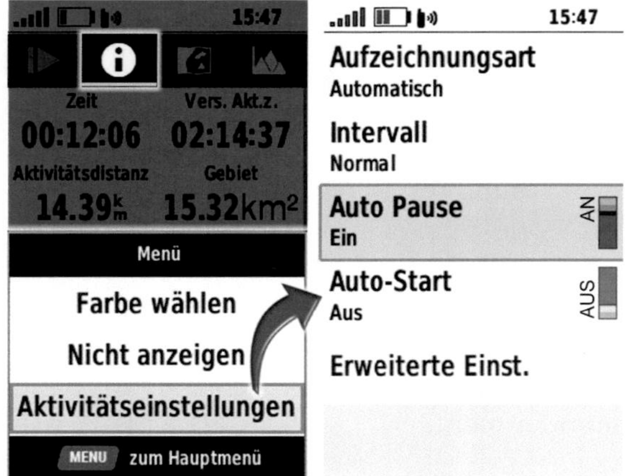

Abbildung 1-28
Automatische Start- und
Pausen-Erkennung
ein-/ausschalten

Auf der Seite der Auf-zeichnungssteuerungen „ ▮▶ " oder auch dessen „ⓘ"-Seite lässt sich durch Druck auf die MENU-Taste und der Auswahl

„**Aktivitätseinstellungen**" das Aufzeichnungsverhalten des GPSMAP 66 nach Belieben ändern. So kann hier auch die „Auto Pause"- und „Auto Start"-Funktion aktiviert werden. Damit beginnt das GPSMAP automatisch aufzuzeichnen bzw. zu stoppen, wenn eine Bewegung bzw. ein Stillstand erkannt wird. Bringe dazu die Schieberegler durch Druck auf die ENTER-Taste in die obere Position. Bei der automatischen Pausenfunktion musst Du eine Geschwindigkeit festlegen, ab der das Gerät stoppen soll. Denn durch die Bewegung der Satelliten bzw. der Empfangsschwankungen ist es für GPS Freizeitgeräte schwierig zwischen langsamen oder gar keinen Bewegungen zu unterscheiden.

Diese Schwankungen kannst Du gut beobachten, wenn Du an einem Fleck still stehenbleibst und auf der Reisecomputer-Seite den Wert im Datenfeld „Tempo" beobachtest. Dieser wird ständig etwas schwanken. Je schlechter der Empfang, desto stärker die Abweichung.

2,8 km/h dürfte also ein guter Wert sein, um die Autopause-Funktion am MTB zu nutzen. Würdest Du „0" eingeben, würde das GPSMAP nur selten die Aufzeichnung unterbrechen. Stellst Du hingegen eine zu hohe Geschwindigkeit ein, höher als die Du mit dem MTB (ohne Motorunterstützung) einen steilen Berg hochkletterst, würde dies ständig als Pause gewertet werden. Die Auto-Pause ist also keinesfalls für die Nutzung beim Wandern etc. geeignet.

Die Speicherplätze für Touren

Der <u>aktuelle Aufzeichnungsspeicher</u> kann bis 20.000 Trackpunkte lang aufzeichnen. Behält man den von Werk aus eingestellten „normalen" Aufzeichnungsintervall bei, könnte man so etwa 4 ganze Tagestouren aufzeichnen, ohne stoppen und speichern zu müssen. (Man kann pro Tag mit 3.000-5.000 aufgezeichneten Trackpunkten rechnen. Den Intervall kann man allerdings verringern oder erhöhen und somit den Speicherplatz schneller oder weniger schnell belegen.) Sobald der Aufzeichnungsspeicher voll ist speichert das GPSMAP 66 die 20.000 Trackpunkte lange Aufzeichnung selbstständig in den gewählten Speicher, siehe Index: „Ausgabeformat". Diese automatisch abgespeicherten Aktivitäten oder Tracks findest Du dann im Hauptmenü entweder in der Kategorie:

- „<u>Aufgez.Akt.</u>" (Aufgezeichnete Aktivitäten, das Protokoll all Deiner Unternehmungen) = Der Speicher für GPS-Tracks inklusive Fitness-Details (z.B. Puls, Zwischenzeiten, im FIT-Format) oder
- „Gespeicherte Tracks" > „<u>Archivierte Tracks</u>" = Der Speicher für Tracks mit den reinen GPS-Daten (GPX-Format).

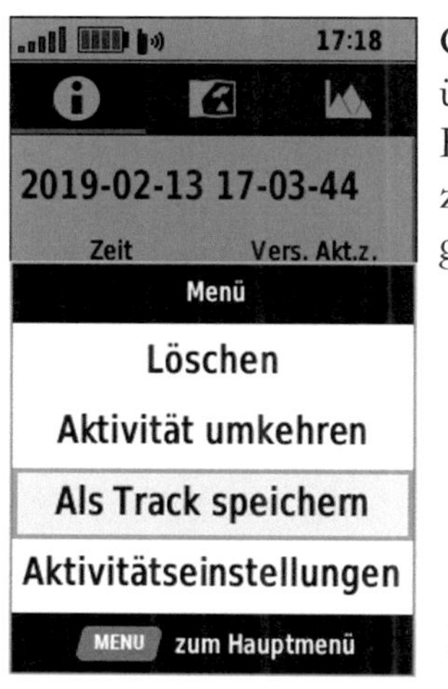

Ganz nebenbei verfügst Du aber auch noch über den „frei" verfügbaren Speicherplatz (Im Hauptmenü > „<u>Gespeicherte Tracks</u>"), der bis zu 250 Touren verkraftet, die Du Dir zu Navigationszwecken dort ablegen kannst:

- Diese kannst Du vom Handy oder PC hierher übertragen oder
- Aus Deinen „Aufgezeichneten Aktivitäten" mittels MENU-Taste „Als Track speichern".

Abbildung 1-29 Aus eigener Aufzeichnung einen Track zum Ablaufen/-fahren erzeugen

Das Arbeiten mit Wegpunkten

Wegpunkte im Gerät speichern (aktuelle Position)

Ist man in unbekannter Gegend unterwegs, ist es immer ganz hilfreich, sich den Startpunkt (wo z.B. das Auto für die Heimfahrt wartet) im GPS-Gerät festzuhalten. Aber auch sonst trifft man unterwegs schnell einmal auf interessante Orte, die man sich gern merken würde, weil man evtl. noch einmal hierher zurückkehren möchte.

Damit das Abspeichern der aktuellen Position schnellstmöglich passiert (gern auch mal während der Radtour), besitzt das GPSMAP 66 dazu eine separate Taste, nämlich die **MARK-Taste**. Drücke diese und bestätige die bereits wartende Auswahl „Speichern" mit der ENTER-Taste. Schon ist Deine Position im Gerät vermerkt.

Diese GPS-Positionen werden fortlaufend durchnummeriert, so dass Du den genauen Namen, ein Symbol oder Kommentar auch später und in Ruhe, z.B. bei der nächsten Rast oder auch erst zu Hause am PC ergänzen kannst. Natürlich kannst Du aber auch sofort, bevor Du „Speichern" bestätigst, mit der Wipptaste in die einzelnen Felder springen und mittels ENTER-Taste das Symbol, den Namen, eine Notiz, die Höhe oder Tiefe ändern bzw. ergänzen.

Abbildung 1-30 MARK-Taste: Die eigene Position speichern

Würdest Du jedoch im Feld „Standort" die <u>Koordinaten ändern</u>, speicherst Du somit natürlich nicht mehr den Ort Deiner jetzigen/aktuellen Position, sondern erzeugst einen Wegpunkt an einem anderen Ort, nämlich dem Deiner eingegebenen Koordinaten. Auf diese Weise kannst Du z.B. Wegpunkte im GPSMAP 66 eingeben und speichern, dessen Koordinaten Du aus einem Reiseführer entnommen hast und für Deine Tour benötigst (Einkehrmöglichkeiten, Aussichtspunkte, Gipfel etc).

Wegpunkte bearbeiten

Navigiere im Hauptmenü mit der Wipptaste auf das Symbol „Wegpunkt-Manager", bestätige dieses mit der ENTER-Taste und navigiere dann in die Zeile mit der entsprechenden Nummer der soeben abgespeicherten Position.

Es öffnet sich die Bearbeitungsmaske des Wegpunktes (3.Bild v.li.). Hierin kannst Du genauso wie beim Erstellen des Wegpunktes mit der Wipptaste in die verschiedenen Zeilen springen und durch Druck auf die ENTER-Taste dessen Eingabefeld oder Auswahlliste öffnen, um etwas einzutippen oder abzuändern.

Im Feld „Standort" kannst Du die Koordinatenzahlen verändern und den bereits abgespeicherten Punkt somit doch an eine andere Stelle verschieben (was in dem Fall jedoch keinen Sinn macht).

Durch Bestätigen der untersten Auswahl „Karte" kann man sich diesen Wegpunkt auch noch einmal in der Karte ansehen und anschließend mit der QUIT-Taste in die Wegpunkteigenschaften zurückkehren.

Abbildung 1-31 Hauptmenü: Wegpkt.-Manager │Wegpkt. aufrufen │ Wegpkt. Bearbeiten │ Wpkt. in Karte ansehen

Alle weiteren Möglichkeiten, die sich Dir zu diesem Wegpunkt bieten, findest Du durch Druck auf die MENU-Taste in den Wegpunkteigenschaften (Abb.1-33). Hiermit lässt sich der Wegpunkt:

- Löschen: aus dem Gerät entfernen,

- mit einem Foto verknüpfen, welches man vom PC aus in das GPSMAP 66 gesendet hatte. (Das Foto wird dem Wegpunkt nur als Informations-Anhängsel hinzugefügt. Die Bilddatei selbst wird nicht verändert und erhält auch keine GPS-Informationen.)

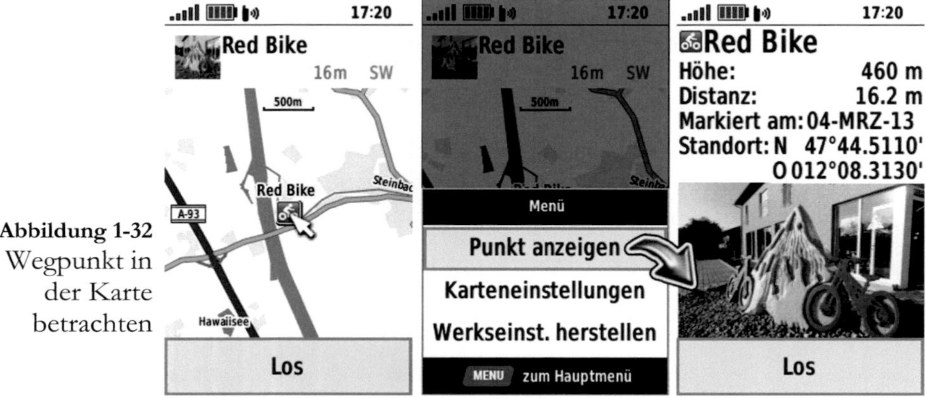

Abbildung 1-32 Wegpunkt in der Karte betrachten

- in seiner Position genauer erfassen. Das ist besonders beim Erstellen eines Geocaches sinnvoll. Mit „Position mitteln" werden über einen längeren Zeitraum (einige Minuten) mehrere GPS-Positionen erfasst und aus diesen dann ein Durchschnittswert ermittelt.

- Wegpunkt Projektion: einen weiteren Wegpunkt hinzufügen, der sich durch Eingabe von Gradzahl und Entfernung vom gewählten Punkt aus erzeugen lässt.

- in der Karte manuell „verschieben".

- Mit der Option „Hier in der Nähe" werden die im Gerät gespeicherten Punkte, Tracks und Routen in der Umgebung des ausgewählten Wegpunktes angezeigt. (Es stehen alle Elemente des Zielauswahlmenüs zur Verfügung).

- Mit der Option „Als Annäher.-WP" kann man den Wegpunkt mit einem Annäherungsalarm bestücken, damit das Gerät einen Ton ausgibt, sobald man den eingegebenen Radius um den Punkt herum betritt oder verlässt.

➜ Das Optionsmenü der MENU-Taste ist dieses mal länger, als der sofort sichtbare Teil. Navigiere deshalb mit der Wipptaste nach unten, um wirklich alle Möglichkeiten zu dem Wegpunkt zu finden. ⬅

- „Der Route hinzufügen" bettet Deinen Wegpunkt in eine Route ein, die Du bereits in der Anwendung „Routenplaner" im Gerät erstellt hast oder hiermit eine neue Route erstellen kannst.

- Mit „Hierher setzen" lässt sich der aufgerufene Wegpunkt an die Position verschieben, wo Du Dich momentan befindest.

Abbildung 1-33
Optionsmenü eines Wegpunktes

Annäherungsalarme erstellen

Ein Wegpunkt gibt einen Alarm aus, wenn man sich diesem nähert und auch wieder entfernt.

Diese Funktion kann wie eben kurz angesprochen folgendermaßen vornehmen:

1.) Hauptmenü > Wegpunkt-Manager > einen Wegpkt. aufrufen > MENU-Taste drücken > „Als Annäher.-Wp." > Distanz des Radius eingeben, wieviel vorher der Alarm gemeldet werden soll, z.B. 20m = als 0,02 km eingeben.

2.) Hauptmenü > Annäherungsalarme > „+Alarm erstellen" > aus dem sich öffnenden Auswahlmenü den gewünschten Wegpunkt suchen > „Verw." Wählen > Annäherungsradius eingeben.

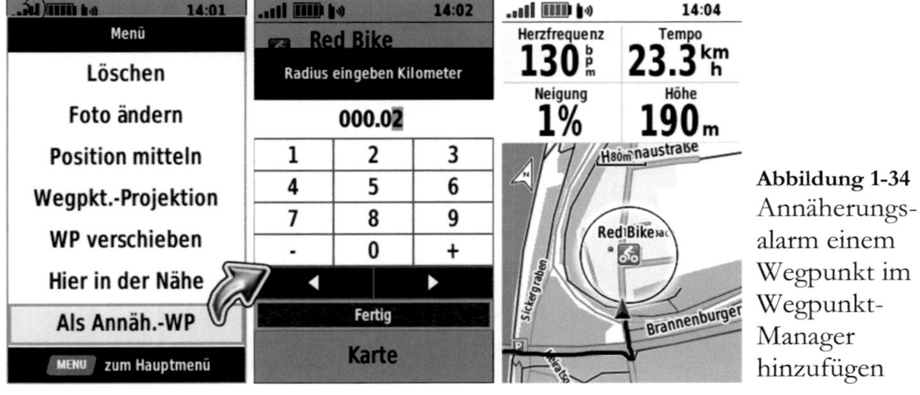

Abbildung 1-34 Annäherungs- alarm einem Wegpunkt im Wegpunkt- Manager hinzufügen

Wegpunkte im GPSMAP 66 suchen und sortieren

Nach einer Weile werden sich in Deinem Gerät so allerhand Wegpunk- te angesammelt haben. Um nun einen bestimmten Wegpunkt trotzdem schnell aufrufen zu können, helfen Dir auch hier wieder die Einträge im Optionsmenü des Wegpunkt-Managers weiter. Öffne dieses mit der MENU-Taste (Abb. unten, linkes Bild).

Tippe z.B. auf „Sortieren", wenn Du die Auflistung der Wegpunkte auf „Alphabetisch" umstellen möchtest. Von Werk aus ist die Sortierung nach der Entfernung vom aktuellen Standort aus eingestellt. Mit der getätigten Auswahl schließt sich die Anzeige und springt wieder in den Wegpunkt-Manger zurück.

Über das Optionsmenü im Wegpunkt-Manager lässt sich aber auch ein „Suchbegriff eingeben". Man braucht dabei nur die Anfangsbuchstaben oder einen beliebigen Teil des Namens einzu- tippen. Der Rest wird erkannt.

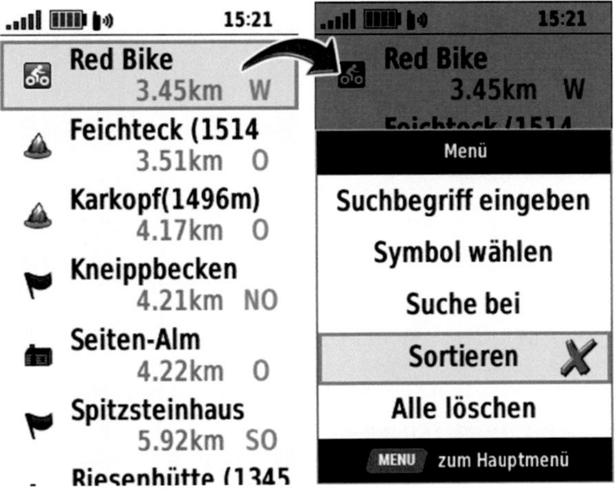

Abbildung 1-35 Wegpunkte schnell finden

Weiß man hingegen keinen Namen, sondern kann sich nur an das Symbol erinnern, welches man dem Wegpunkt gegeben hatte, dann findet man diesen wohl eher, wenn man im Optionsmenü „Symbol wählen" bestätigt.

Kennt man weder Namen noch Symbol, sondern nur die Gegend in der sich der gespeicherte Wegpunkt befinden sollte, so kann man mit der Option „Suche bei" fündig werden. Darin muss man sich dann entscheiden wie man die Suchregion bestimmen möchte. Wähle z.B. „Kartenpunkt", wenn Du Dich anhand der Karte ungefähr erinnern kannst, wo sich der gesuchte Wegpunkt befindet. Verschiebe den Zeigepfeil in der sich öffnenden Karte in die vermutete Region und bestätige „Verw." (verwenden) mit Druck auf die ENTER-Taste. (Verwende die − und + Tasten, um schneller an einen entfernten Ort zu gelangen.) Im nächsten Schritt werden alle gespeicherten Wegpunkte um diesen Punkt herum aufgelistet.

Profile

Profile sind sozusagen Benutzerkonten, in denen jeweils ganz unterschiedliche spezielle Einstellungen ausgewählt werden können, wie z.B.

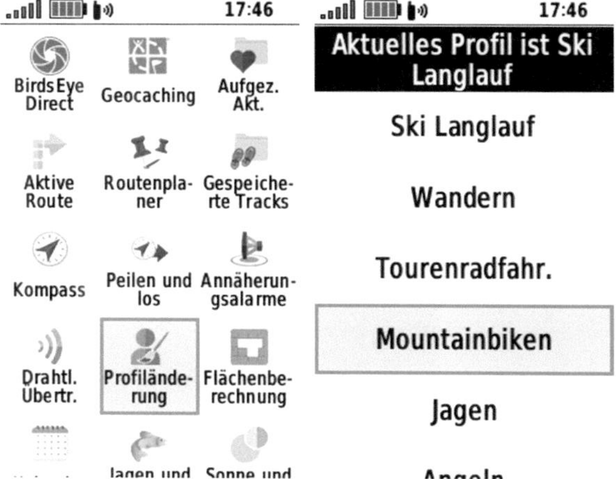

Abbildung 1-36 Hauptmenü > Profiländerung

- die in der Bandanzeige zur Verfügung stehenden Hauptseiten,
- die Einstellungen für die Routenberechnung (zu Fuß, MTB, Tourenrad, Pkw, Motorrad, Geocaching etc.)
- die Darstellung des Reisecomputers und dessen Datenfelder,
- die Karteneinstellungen,
- der Energiesparmodus und Lichteinstellungen etc.

Je nach Einsatzzweck hat man nämlich die unterschiedlichsten Wünsche, z.B. welche Datenfelder in der Reisecomputer-Ansicht zur Verfügung stehen sollen und für welche Bewegungsform der Weg zum Ziel berechnet werden soll. Beispiel: Zuerst möchte man sich mit dem Auto zum Startpunkt der Tour lotsen zu lassen und dann mit dem Fahrrad der vorbereiteten Track-Linie folgen. Damit beim Einsatzwechsel vom Auto zum Fahrrad nun nicht ständig sämtliche Einstellungen verändert werden müssen, wechselt man im Hauptmenü > „Profiländerung" in das entsprechende Profil und ist damit sofort startklar.

Hinzufügen von Profilen

Du kannst zum einen die im GPSMAP 66 vorhandenen Profile verwenden, diese umbenennen und dessen Einstellungen verändern. Aber Du kannst auch weitere, ganz eigene Profile hinzufügen.

Öffne dazu die Profileinstellungen über das Hauptmenü > Einrichten > „Profile". Tippe in die Zeile eines Profils (z.B. Tourenradfahren). Es öffnen sich die zur Verfügung stehenden Bearbeitungsoptionen. Somit lässt sich der Profilname zur besseren Wiedererkennung ändern oder mit den Auswahlen „Nach oben"/ „Nach unten" in der Reihenfolge verändert werden. Ordne Deine Profile so an, dass die oft verwendeten Profile gleich ganz oben zu finden sind. Mit der unscheinbaren Auswahl „Verw."(verwenden) kannst Du auf diesem Umweg das angewählte Profil aktivieren. Verlasse dann mit der QUIT-Taste dieses Optionsmenü.

Zum Anlegen eines neuen Profils wählst Du die Zeile „+ Profil erstellen" am oberen Bildschirmrand. Somit wird eine Kopie des gerade verwendeten Profils erstellt, welches am unteren Listenende angefügt wird und Du dann nach Wunsch benennen und in seiner Anzeigereihenfolge nach oben holen kannst. Ein Profil lässt sich immer nur dann <u>löschen</u>, wenn es nicht gerade verwendet wird.

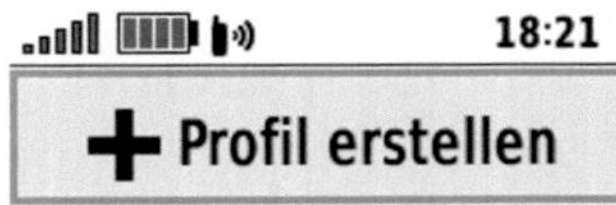

Abbildung 1-37
Hauptmenü > Einrichten > Profile

Geräteeinstellungen

➜ Die Einstellungen, die wir jetzt vornehmen, gelten in den meisten Fällen nur für das aktuell verwendete Profil. Sobald Du in ein anderes Profil wechselst, verhält sich das Gerät so, wie es in diesem anderen Profil eingestellt wurde.

Der Profilname wird z.B. auf der Statusseite angezeigt, die Du mit einem Tastendruck auf ① EIN-/AUS-Taste öffnest.

Über die MENU-Taste auf der jeweiligen Seite der Einstellungskategorien können die Einstellungen ausschließlich zu dieser sichtbaren Seite auf <u>Werksstandard</u> zurückgesetzt werden (siehe Bild unten). ⬅

Navigiere mit der Wipptaste in der Liste der Geräteeinstellungen nach unten, um einen Eindruck über die Anpassungsmöglichkeiten zu erhalten. Garmin lässt Dir also freie Hand, was Du aus Deinem Outdoor-Gerät herausholst. Sehen wir uns nun also einige Einstellungen an, die wohl die meisten interessieren dürfte.

Öffne bitte mit einem Doppeldruck auf die MENU-Taste das Hauptmenü und bestätige in diesem die „Einrichten"-Kategorie mit der ENTER-Taste. Wähle im erscheinenden Menü „**System**".

Die weiterführenden Einstellungen, die sich Dir durch das Öffnen der Zeile „**Satellit**" bieten solltest Du bereits von unserem Umstellen auf „Demomodus" kennen. Durch Antippen der obersten Zeile „Satellitensystem" kannst Du des Weiteren in der erscheinenden Auswahl zwischen dem normalen Satellitensystem „GPS" und den genaueren, aber unter Umständen etwas mehr Strom verbrauchenden „GPS+GLONASS"- oder „GPS+GALILEO"-System wählen.

Das globale Positionierungssystem **GLONASS**, welches vom Verteidigungsministerium der Russischen Föderation

Abbildung 1-38   Hauptmenü > Einrichten > System

betrieben wird, ähnelt dem US-amerikanischen NAVSTAR-GPS, dem derzeit aktuellen GPS-System. Das seit 1972 entwickelte, russische System ging 2012 weltweit in den Einsatz.

Neu hinzu ist nun auch der Empfang von den **GALILEO**-Signalen gekommen, dem **G**lobalem **N**avigations**s**atelliten**s**ystem (GNSS) der europäischen Union, welches allerdings noch im Aufbau ist und man erst in etwa 2020 mit einer vollen Funktion rechnen kann. Durch die Kombination mit dem herkömmlichen amerikanischen GPS-System kann es aber schon jetzt im GPSMAP 66 verwendet werden.

Solltest Du unterwegs bemerken, dass Dein blauer Positionspfeil am Display überhaupt nicht mit der realen Position übereinstimmt, kannst Du hier also das etwas genauere „GPS+GLONASS" oder „GPS+GALILEO" wählen.

Durch die getätigte Auswahl kehrt das GPSMAP 66 in die „Satellit"en-Einstellungen zurück. Hier kann sogar auch die Positions-genauigkeit durch die Aktivierung des Schiebereglers in der Zeile **„WAAS/EGNOS"** (obere Stellung) erhöht werden.

Für eine höhere Genauigkeit der Positionsbestimmung bei Lande-anflügen wurde für die amerikanische Luftfahrtbehörde das System <u>WAAS</u> - „Wide Area Augmentation System" - entwickelt. Die WAAS-Daten erhöhen nur in Nordamerika die Genauigkeit des GPS-Signals, da die Korrekturdaten nur für diesen Raum ermittelt und übertragen werden.

Der europäische Service zur Verbesserung der Positionsgenauigkeit nennt sich <u>EGNOS</u> - „European Geostationary Overlay Service". Mit EGNOS soll die Genauigkeit des GPS-Systems in Europa auf 5 m steigen. EGNOS besteht aus einem Netz von Bodenstationen, die das GPS-Signal empfangen und an das sogenannte "Master Control Center - MCC" übermitteln. Wie im WAAS werden Korrekturdaten zur Abweichung der Satellitenuhren gesendet, die Satellitenbahnen und Signalverschiebungen berechnen, die durch Einflüsse der Atmosphäre und Ionosphäre entstehen.

Für die Land- und Seenavigation ist die mit WAAS/EGNOS erreichbare Genauigkeit in der Regel nicht erforderlich, da die Genauigkeit der Kartendarstellung deutlich schlechter ist.

Kehre dann mit einem QUIT-Tastendruck in die Systemeinstellungen zurück.

Die **Schnittstelle** sollte auf „Garmin - seriell" belassen werden, wenn das GPSMAP am PC als externes Laufwerk erkannt werden soll, um sämtliche GPS-Daten vom oder zum PC zu übertragen sowie in der Kartensoftware BaseCamp auf das GPS-Gerät zugreifen zu können. Bei der Kopplung per USB-Kabel mit anderen Geräten (z.B. Digitalkamera, Dynamo-Ladegerät am Fahrrad bzw. Akku des E-Bikes) kann es vorkommen, dass hier die Auswahl „Garmin Spanner" gewählt werden muss, damit das Gerät im normalen Betriebsmodus bleibt.
Bei der Kopplung mit maritimen Navigationsgeräten kann die „NMEA..."-Auswahl erforderlich sein sowie andere Gegebenheiten die Ausgabe im Textformat oder den Zugriff auf das „Media Transfer Protocol" (MTP) notwendig machen.

In einer der unteren Zeilen der Systemeinstellungen kannst Du die **RINEX**-Aufzeichnung (Receiver Independent Exchange Format) aktivieren, um dieses empfängerunabhängige Daten-Speicher- und Austauschformat für irgendwelche Verarbeitungszwecke zu nutzen.

Gut zu wissen ist auch die Einstellung in der Zeile **Batterietyp**: Hier ist es sinnvoll den Typ auszuwählen, den man auch eingesetzt hat, um die beste Stromversorgung zu gewährleisten. Herkömmliche Akkus werden jedoch nicht geladen, wenn das Gerät per USB am PC oder Netzstrom angeschlossen ist. Einzige Ausnahme ist der optional erhältliche Garmin NiMH-Akkupack. Dieser wird im Gerät aufgeladen. Bei Verwendung dieses Akkus entfällt dann auch die Möglichkeit der Batterietypauswahl, da dieser automatisch erkannt wird.

Mit einem Tastendruck auf „QUIT" gelangst Du in das „Einrichten"-Menü zurück.

In der nächsten „Einrichten"-Kategorie **Anzeige** kannst Du die Beleuchtungsdauer wählen und den davon abhängigen Energiesparmodus aktivieren. Somit wird das Display nach der bei der **Display-Beleuchtung** eingestellten Zeit abgeschaltet und spart Strom. Während einer Navigation schaltet sich das Display bei Abbiegehinweisen automatisch wieder ein. Du kannst das Display aber auch selbst durch kurzen Druck auf die ① EIN/AUS-Taste einschalten. Hast Du bei der Beleuchtungseinstellung „Bleibt an" gewählt, ist der Energiesparmodus natürlich außer Kraft gesetzt.

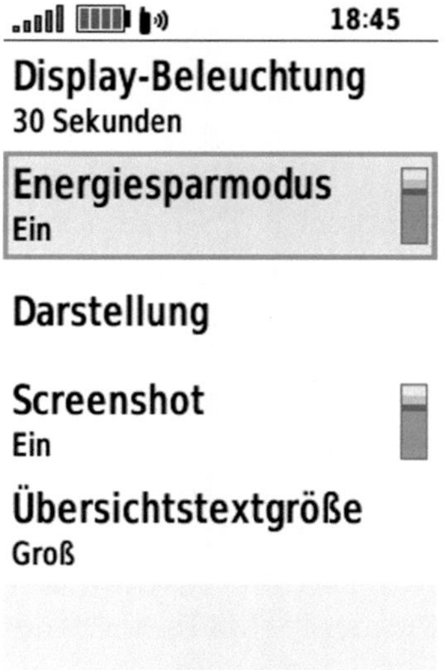

Abbildung 1-39 Hauptmenü > Einrichten > Anzeige

Im Freien wirst Du die Beleuchtung kaum benötigen bzw. auch gar nicht wahrnehmen, da das Display die Reflektion des Tageslichtes für ein kontraststarkes „Ausleuchten" bestens ausnutzt. Wurde als Dauer der Display-Beleuchtung „Bleibt an" gewählt, darfst Du nicht vergessen mit einem kurzen Tastendruck auf ① EIN/AUS die Statusseite zu öffnen und mit wiederholtem Druck der ① -Taste oder mit der „ ▬ " -Taste das Licht auf 0% zu regeln.

Das **Darstellungs**-Menü erfüllt einen fast schon kosmetischen Zweck. Mit der Auswahl „Modus: Automatisch" schaltet das GPSMAP 66 nach Sonnenuntergang in einen negativ gefärbten Darstellungsmodus. Alles was tagsüber mit schwarzen Zahlen auf weißem Grund angezeigt wurde, wird dann mit weißen Zahlen auf schwarzem Grund dargestellt. Wer also bei Dunkelheit im Freien noch unterwegs ist, wird dadurch nicht übermäßig geblendet und kann die Display-Beleuchtung auch dauerhaft stromsparend nutzen. In den Zeilen „Tag„ /"Nachtfarbe" kann man unterschiedliche Markierungsfarben festlegen (Farbe der Menüfelder die markiert werden etc.). Wer diese automatische Tag-/Nacht-Funktion überhaupt nicht braucht oder davon sogar eher irritiert wird kann den Darstellungsmodus gern dauerhaft auf „Tag" stellen.

Die Funktion **Screenshot** bietet Dir die Möglichkeit, durch kurzen Druck auf die ⚏ EIN/AUS-Taste die aktuelle Anzeige als Bild abzuspeichern, weil diese z.B. einen besonderen Eindruck macht und Du jemandem zeigen möchtest. Diese Bild-Datei findest Du nach der Koppelung mit dem PC im „Screenshots"-Ordner des Gerätespeichers (Arbeitsplatz-Explorer > Garmin-Ordner > scrn-Ordner).

Mit der **Übersichtstextgröße** kann man Einfluss auf den am Display angezeigte Text nehmen.

Mit einem Tastendruck auf „QUIT" gelangst Du in das Einstellungen-Menü zurück.

Wähle im „Einrichten"-Menü die Kategorie „**Karte**", um die Anpassungsmöglichkeiten Deiner Kartenseite zu entdecken.

Der oberste Menüeintrag „**Karten konfigurieren**" wird erst interessant, wenn Du Dein GPSMAP mit weiterem Kartenmaterial erweiterst, z.B. die BirdsEye Satelittenbilder hinzufügst. Hat man nämlich verschiedene Karten desselben Abdeckungsbereiches in das Gerät geladen bzw. verwendet weiteres Kartenmaterial von einer im Gerät platzierten microSD-Karte, muss man sich entscheiden welche Karte sichtbar sein und für die Wegberechnung verwendet werden soll. Hast Du

Abbildung 1-40
Hauptmenü > Einrichten > Karte

z.B. die Garmin Straßenkarte (City Navigator Europe) in das GPSMAP 66st geladen und möchtest die Route für die Bewegung mit dem Pkw erstellen lassen, so kann es sein, dass die Straßenkarte erst zu sehen ist, wenn Du hier den entsprechenden Teil der „TopoActive Europa" deaktivierst, da diese Karte als Ebene über der Straßenkarte liegt und die Routenberechnung auf der Straßenkarte somit verwehrt wird.

Kehre dann mit dem QUIT-Tastendruck in die Einstellungen der „Karte" zurück.

➜ Die Basiskarte (Worldwide DEM Basemap) unbedingt immer aktiviert lassen! Diese ermöglicht den schnellen Bildaufbau beim Herauszoomen außerhalb dem 20km-Maßstab.) ⬅

Neben den bereits im Abschnitt „Das Arbeiten in der Kartenansicht" angesprochenen Karteneinstellungen „**Ausrichtung**" (genordet, Bewegungsrichtung oder 3D-Fahrzeugmodus) lässt sich hier (Abb.1-40) auf folgende weitere Optionen Einfluss nehmen:

- Mit der **Anzeige** kann man bestimmen, ob direkt im Kartenbildschirm ein oder mehrere Datenfelder zu sehen sind (z.B. 4 „Kleine Datenfelder", 1 „Großes Datenfeld", „Höhenmesser", „Stoppuhr" etc.). Somit kann man sich oftmals ein Umblättern auf die „Reisecomputer"- oder „Höhenmesser"-Seite sparen. Dazu eignen sich besonders die Werte zur Routenberechnung oder aktuelle Fahrdaten wie Geschwindigkeit, aktuelle Höhe, Neigung etc., – Daten die man eben ständig im Blick haben möchte. In meinem Bildbeispiel sieht man schon recht deutlich, wie klein der Kartenausschnitt dadurch wird, besonders wenn dann noch eine Navigation gestartet wurde. Für solche Fälle wählt man die Anzeige „Benutzerdefiniert" und könnte nun z.B. „Beim Navigieren: „Keine Anzeige" und „Nicht beim Navigieren: Kleine Datenfelder" wählen bzw. überlegen, ob man auf den Navigationstext verzichten kann.

Abbildung 1-41
Kartenseite mit
Anzeige, z.B.:
Kompass,
Kleine Daten-
felder oder
Höhenmesser

- Den **Hilfetext** (=Navigationstext) lässt man sich am besten nur „Beim Navigieren" anzeigen, um so in allen anderen Fällen die gesamte Kartenansicht nutzen zu können.

In den „**Erweiterten** (Karten-) **Einstellungen**" findest Du:

- Den **Auto-Zoom**: Dieser stellt die Kartenansicht der nächsten Abbiegung automatisch und optimal vergrößert dar. Möchte man dauerhaft mit dem persönlich eingestellten Maßstab arbeiteten, bringt man den Schieberegler in die untere Stellung = Aus.

- Mit dem **Detailgrad** kann man entscheiden wie detailliert die Karte bei entsprechender Zoomstufe angezeigt werden soll (wenig oder viel Wege, Höhenlinien und Kartenmerkmale). Dementsprechend schnell oder weniger schnell ist dann auch der Bildaufbau sowie der Akku- bzw. Batteriestrom verbraucht.

- Die Anzeigeoption der **Plastischen Karte**: In bergigem Gelände kann es vorkommen, dass eine Schattierung auf dem Display zu sehen ist, welche die Kontraststärke der Karte extrem verschlechtert. Wenn Dich dies stört, dann wählst Du in dieser Auswahl besser „Nicht anzeigen".

Abbildung 1-42, oben
Hauptmenü > Einrichten > Karte > Erweiterte Einst.

- Mit der Auswahl des <u>Fahrzeug</u>es kannst Du das Symbol wählen, welches Deine aktuelle Position in der Karte darstellt.

- Mit den **Zoom-Maßstäben** legst Du fest, ab welcher Kartengröße /Zoomstufe die entsprechenden Punkte sichtbar sein sollen, falls Du mit der automatischen Einstellung unzufrieden bist. Z.B. bei eigenen Wegpunkten („Benutzer-Wegpunkte") würde sich anbieten, diese schon ab einer Zoomstufe von 500 oder sogar 800 Metern sichtbar zu machen, um auch im herausgezoomten Kartenausschnitt (wo weniger Details angezeigt werden) zumindest die eigenen Wegpunkte sehen zu können.

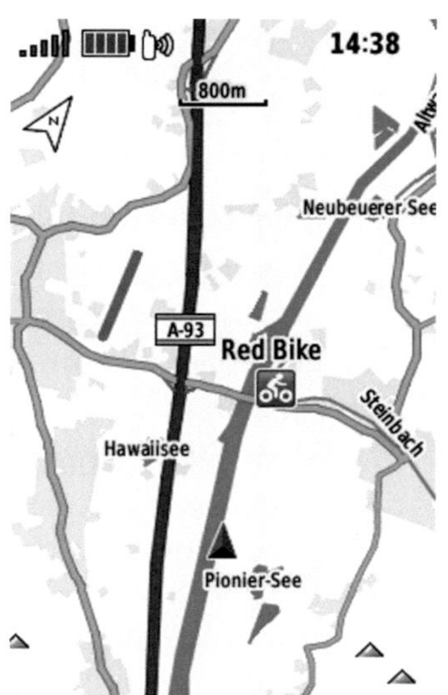

Abbildung 1-43

Zoom-Maßstab von Benutzer-Wegpunkte>800m
Textgröße von Benutzer-Wegpunkte>Mittel

- Die **Textgröße** von Objekten in der Karte: Die Benutzer-Wegpunkte (eigene Punkte) und Straßennamen kann man sich hiermit größer anzeigen lassen, als die übrigen Karteninformationen, die vielleicht von weniger Interesse sind.

Kehre dann durch 2-maliges drücken der QUIT-Taste in die Geräteeinstellungen zurück.

In der Einstellungskategorie

„**Aufzeichnung**" sind die Einstellungen zu Deiner aktuellen GPS-Aufzeichnung zu finden. Dieselben, die wir uns bereits im Abschnitt „Die aktuelle Aufzeichnung" angesehen und über das Hauptmenü > „Aufz.steuerung" > ▶ - Seite: MENU-Taste> „<u>Aktivitätseinstellungen</u>" aufgerufen haben.

Abbildung 1-44

Hauptmenü > Einrichten > Aufzeichnung

Des Weiteren lässt sich hier in diesem Einstellungsmenü folgendes festlegen:

- Stelle bei der **Aufzeichnungsart** ein, ob die Trackpunkte Deiner GPS-Aufzeichnung in einem bestimmten zeitlichen Abstand oder Längenabstand zueinander oder automatisch (in Kurven häufiger, auf Geraden seltener = empfehlenswert) gesetzt werden sollen.

- Den **Intervall** (die Häufigkeit der gesetzten Trackpunkte), damit wird die Anzahl der Trackpunkte und somit die Genauigkeit der Aufzeichnung erhöht oder verringert.

Im Menü der hier angeordneten „**Erweiterten Einstellungen**" triffst Du die Entscheidungen für:

- das **Ausgabeformat**: Wählst Du hier „FIT und GPX", so werden zum einen alle Fitness-relevanten Daten (FIT) und zum anderen die GPS-Daten (GPX) Deiner Bewegung aufgezeichnet. Die Aufzeichnung der GPS-Daten findest Du dann im Hauptmenü > Gespeicherte Tracks > „Archivierte Tracks" wieder und kann am PC problemlos in der Garmin Kartensoftware „BaseCamp" geöffnet und nachbearbeitet werden.

Die gleichzeitig mit aufgezeichneten Puls-werte, Zwischenzei-ten und Co. hingegen sind im GPSMAP 66, im Hauptmenü > „Aufgez. Akt." wie-derzufinden und kön-nen am Computer, Handy oder anderen Internet-fähigen Ge-räten im Online-Portal „Garmin Connect" im Detail betrachtet wer-den.

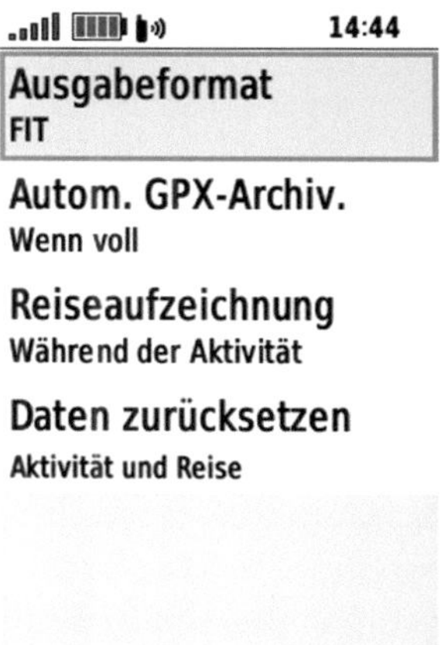

Abbildung 1-45
Einrichten > Aufzeichnung > Erweiterte Einstell.

Wählst Du das alleinige Ausgabeformat „FIT" bleibt der „Gespeicherte Tracks"-Ordner (Track-Manager) unberührt und den

Track-Daten vorbehalten, die Du zum Navigieren verwenden möchtest.

- Die **automatische GPX-Archivierung**, mit der die aktuelle Aufzeichnung täglich, wöchentlich oder erst, wenn der aktuelle Trackspeicher mit 20.000 Trackpunkten voll ist, separat im Gerätespeicher archiviert wird. Dieser bietet Platz für 200 Tracks. Die Einstellung „wenn voll" nutzt die Archiv-Speicherkapazität am besten aus. Allerdings kann „Täglich" oder „wöchentlich" für eine bessere Übersicht und weniger Nacharbeit am PC sorgen. Diese Funktion bezieht sich nur auf die Aufzeichnung der GPS-Daten. Sie ist also nur aktiv, wenn beim Ausgabeformat „FIT und **GPX**" gewählt wurde.

- die **Reiseaufzeichnung**: Die Einstellung „Während der Aktivität" ist sinnvoll. Hingegen mit der Auswahl „Immer" beginnt die Aufzeichnungsuhr sofort mit dem Einschalten des Gerätes zu laufen und die Datenfelder „Zeit", „Pausenzeit", „Zeit in Fahrt" etc. beginnen zu zählen. Somit sammelt man einen großen Berg an Datenmüll und muss vor Tour-Start auch daran denken, die Reisedaten abzunullen bzw. besser in der Anwendung „Aufzeichnungsteuerung" diese Aktivität zu stoppen und zu verwerfen.

Spezialfunktion für Mehrtagestouren

Mit „**Daten zurücksetzen**" hier in den erweiterten Aufzeichnungseinstellungen kann man eine entscheidende Option umstellen, wenn man z.B. beabsichtigt bei Tagesende den Reisecomputer zurückzusetzen, aber trotzdem die Gesamtaufzeichnung am Folgetag weiterzuführen.

Mit der voreingestellten Option „Aktivität und Reise" wird nämlich der aktuelle Aufzeichnungsspeicher entleert **und** die Daten im Reisecomputer auf null gesetzt, sobald man bei Tourende die Aufzeich-

Abbildung 1-46   Die Variante des Daten-Reset´s wählen

nung mit der ENTER-Taste stoppt und ▣ speichert oder ✖ löscht.

Wählt man hingegen „Auswahl", so erscheint nach dem ▣ oder ✖ ein Auswahlbildschirm, der nun abfragt, ob die Daten im Reisecomputer auf null bzw. Ausgangswerte zurückgesetzt werden sollen („Reisedaten") oder der aktuelle Aufzeichnungsspeicher („Aktuelle Aktivität") entleert werden soll oder doch beides.

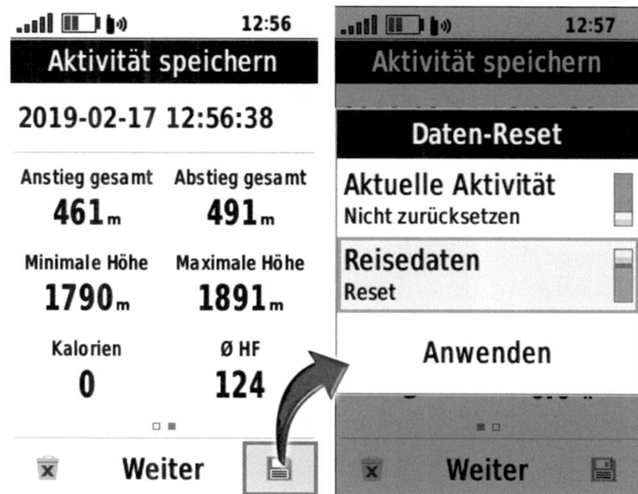

Abbildung 1-47 Tagesaufzeichnung abspeichern, Reisecomputer zurücksetzen, Gesamtaufzeichnung weiterführen

Mehrtagesreisende bevorzugen hier eben die Einstellung „Aktuelle Aktivität: Nicht zurücksetzen" und „Reisedaten: Reset". Somit kann man sich im Reisecomputer das Datenfeld „Tages-km-Zähler" (Distanz seit dem letzten Reisedaten-Reset) und das Datenfeld „Distanz bei Aktivitäten" (Distanz seit dem letzten Löschen der aktuellen Aktivität) beide aus der Datenfeldgruppe: „Geschw. u. Distanz" anordnen, um die Tagesdistanz sowie die Gesamtdistanz über mehrere Reisetage sehen zu können.

Abbildung 1-48 Verschiedene Distanz-Werte

Und damit haben wir uns alle zur Verfügung stehenden Einstellungen zur aktuellen Aufzeichnung angesehen. Kehre mit 2-maligem Tastendruck auf QUIT in die Geräteeinstellungen zurück.

Die Einstellungen zum „**Routing**" sehen wir uns im Kapitel 2/ "Navigation" näher an, während das Menü zu den Ton-Einstellungen recht selbsterklärend ist und kaum Worte der Erklärung bedarf.

Nur noch eins: Achte im Menü „**Töne**" darauf, dass die Töne „EIN" und in dessen Untermenü „Annäherungsalarme">„Annäherungstöne" sich der Schieberegler ebenfalls in der oberen Position „Ein" befindet, um bei Annäherung an solch einen Wegpunkt eine akustische Meldung zu erhalten. Kehre dann mit einem QUIT-Tastendruck in die Geräteeinstellungen zurück.

Mit den Einstellungen im **Expeditionsmodus** lässt sich das Gerät so einstellen, dass es weniger Strom verbraucht. Dadurch schaltet sich das Display ab und setzt aber auch weniger Trackpunkte bei der GPS-Aufzeichnung Deiner Fortbewegung. Wähle „Automatisch", wenn das Gerät nach einer Inaktivität von 2 min in diesen Modus wechseln soll, oder „Auswahl", wenn Du dazu die EIN/AUS-Taste verwenden möchtest. Kehre mit der QUIT-Taste in die Einstellungen zurück.

Mit den Einstellungen der Kategorie **Waypoints** lässt die automatische Nummerierung der Wegpunkte vordefinieren (z.B. Wpkt_001), die man mit der MARK-Taste und „Speichern" erfasst. Kehre mit der QUIT-Taste in die Einstellungen zurück.

Die Einstellungen zur „**Fahrt**" kennen wir bereits zum größten Teil. Es sind die des Kompasses, die wir uns bereits beim Verwenden der Kompasseite angesehen haben.

- In der Zeile **Anzeige** kannst Du wählen, wie die Teilungsabschnitte der Winkelskala beschriftet sein sollen („Richtungsbuchstaben", „Grad"-zahlen u. Rtg.-Buchstaben oder Nautische Striche: 6400 "Mil").

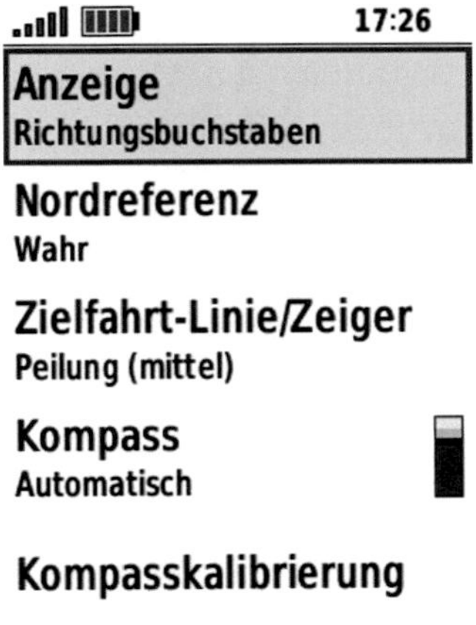

Abbildung 1-49 Hauptmenü > Einrichten > Fahrt

- Die „**Nordreferenz**" ist im Auslieferungszustand mit „Wahr" korrekt eingestellt. Nur wenn Du mit Karte oder Kompass arbeitest und das GPSMAP 66 auf diese abgleichen möchtest, muss hier die entsprechenden Einstellungen „Magnetisch" für das Abgleichen auf den Kompass oder „Gitter" für das Abgleichen auf die Karte eingestellt werden, siehe Kapitel 2/„Nordreferenz".
- Der Schieberegler in der Zeile „**Kompass Automatisch**" in der oberen Stellung „AN" bedeutet, dass dann der elektronische 3-Achsen-Kompass „automatisch" vom normalen Kompass-Modus in den GPS-Kompass-Modus wechselt. Sobald Du also mit höherer Geschwindigkeit unterwegs bist, zeigt die Kompass-Nadel statt der Himmelsrichtung nun die aktuelle Fahrtrichtung an.

Kehre mit der QUIT-Taste in die Einstellungen zurück.

In der „Einrichten"-Kategorie > **Höhenmesser** verbirgt sich die interessante Option zum Wettermodus. Neben der <u>automatischen</u> **Kalibrierung** des Höhenmessers, die entweder nur bei Gerätestart oder fortlaufend erfolgen soll, oder Du manuell über die unterste Menüzeile starten kannst, lässt sich hier nämlich auch den **Barometermodus** umstellen. Dieser muss als „Höhenmesser" ausgewählt sein, wenn das GPSMAP 66 die Höhenänderungen erfassen soll, die Du während Deiner Fortbewegung vollbringst.

Möchtest Du allerdings die Wetterentwicklung wissen, wählst Du „Barometer". In der Auswahlzeile „**Luftdrucktendenz-Aufz.**" ist dann die Auswahl „Immer speichern" ganz sinnvoll und in der Auswahlzeile „**Profiltyp**" der „<u>Umgebungsdruck</u>". So kannst Du das Gerät auch über Nacht ausschalten und trotzdem am nächsten Morgen sehen, ob der Luftdruck gefallen oder gestiegen ist und wenn, in welcher Stärke. Mittels **+** und **−** kannst Du die Skala der Aufzeich-

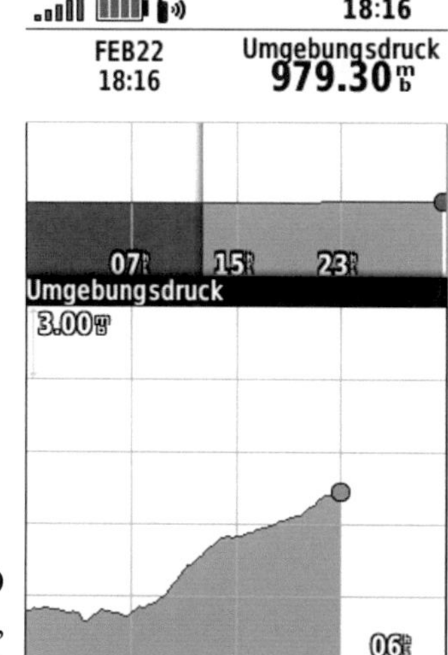

Abbildung 1-50
Wetterentwicklung am Umgebungsdruck ablesen,
Mit der Wipptaste detaillierte Werte erfahren

nungsdauer nach Wunsch vergrößern/verkleinern oder über die MENU-Taste > „Zoombereiche anp." die x- oder y-Achse unabhängig voneinander verändern.

Für die Luftdruckmessung muss das Gerät stationär auf gleicher Höhe bleiben. Der Luftdruck der Umgebung zeigt die Bewegung der Luftmassen an. Im Allgemeinen kann man sagen, dass ein sinkender Luftdruck schlechtes Wetter und ein steigender Luftdruck aufklarende Wetterbedingungen vorhersagen. Diese Theorie hat allerdings noch etliche weitere Einflussfaktoren, die man kennen sollte, wenn man sich auf solche Prognosen verlassen möchte. Diese Wissenschaft füllt etliche Bücher. Und man sollte auch bedenken, dass Garmin Outdoor-Geräte als Freizeit-GPS-Geräte zur Navigationshilfe ausgelegt sind. Es sind also keine hochpräzisen Messgeräte wie sie in der Vermessung oder Wettervorhersage verwendet werden.

Kehre mit QUIT in die Geräteeinstellungen zurück.

Die nun noch nicht angesprochenen Einstellungen zum „Geocaching", zum Verbindungsaufbau mit ANT-„Sensoren" sowie zum Menü Marine wollen wir hier nicht in ihrer Gesamtheit breit treten, da diese im Garmin Handbuch ebenso erklärt und recht selbsterklärend sind. Daher sei nur noch auf ausgewählte Punkte hingewiesen:

- **Marine**: Für die Nutzung auf See müssen hier unbedingt diverse Einstellungen aktiviert werden, so dass z.B. eine <u>Seekarte</u> überhaupt korrekt angezeigt wird.

- **Fitness**: Durch die Aktivierung der „<u>Auto Lap</u>" (Automatische Runden)-Funktion kannst Du Deine Aufzeichnung automa-tisch in Teilstücke unterteilen lassen (meist zu Trainingszwecken genutzt).

  Durch die in der Zeile „<u>Aktivitätstyp</u>" getroffene Auswahl sollte diese nach der Übertragung in das Trainings-Portal „Garmin Connect" bei der jeweiligen Aufzeichnung angezeigt werden (ob es also eine Lauf-, Radfahraufzeichnung etc. war). Dieser Aktivitätstyp sollte also für jedes Profil im GPSMAP korrekt ausgewählt werden, wenn Du in Deinem Garmin Connect-Konto die Auflistung nach Aktivitäten nutzen möchtest.

  In den Untermenüs Benutzer und HF-Bereiche gibst Du Deine Personendaten und herzfrequenzbasierten Trainings-bereiche ein.

Kehre dann durch einen QUIT-Tastendruck in die Geräteeinstellungen zurück.

Abbildung 1-51 Einstellungen > Positionsformat

Wichtig in der langen Liste der Geräteeinstellungen ist auf alle Fälle das **„Positionsformat"**.

Hier in der obersten Zeile kann ganz nach Belieben zwischen mehreren Darstellungen der Koordinaten gewählt werden, die sich auf das Kartendatum und den Kartensphäroid WGS84 beziehen. Im Notfall ist allerdings die Positionsangabe im UTM-Format von großer Bedeutung (ziemlich weit unten in der Liste). Im UTM-Format kann so durch die letzte Zahl die genaue

Meterangabe direkt abgelesen werden. Dafür sind die Darstellungsformate in Länge und Breite die eindeutig beliebteren, wenn es um die Weitergabe im World Wide Web geht, da man anhand der Gradangabe sofort einschätzen kann, wo sich der Punkt auf der Erdkugel befindet (siehe Kapitel 2/ „Koordinaten als Ziel" > „Koordinatensystem").

➜ Als Kartendatum (**Kartenbezugssystem**) und **Kartensphäroid** (Kartenbezugspunkt) muss bei der GPS-Navigation immer „WGS84" ausgewählt werden. ⬅

Bist Du Dir nicht mehr sicher, ob alles korrekt ist, kannst Du in dieser Ansicht durch Druck auf die MENU-Taste > „Werkseinst. herstellen" die hier verstellten Werte auf Grundeinstellungen zurücksetzen.
Kehre dann mit einem QUIT-Tastendruck in die Geräteeinstellungen zurück.

Öffne bitte das Einrichten-Menü „**Reset**".

Auf diesem Weg erreichst Du durch Bestätigen der obersten Zeile „**Reset: Reisedaten**" die Möglichkeit, die Datenfelder des Reisecomputers auf null zu setzen. Mit diesem Reset (welches auch auf der Reisecomputer-Seite über die MENU-Taste zu erreichen ist) löschst Du jedoch keineswegs die vorausgegangene Aufzeichnung, die sich im aktuellen Aufzeichnungsspeicher befindet, sondern trennst lediglich die nun beginnende von der vorausgegangenen Aufzeichnungen ab und könntest nachträglich entscheiden, welcher <u>Abschnitt</u> aller Aufzeichnungen im aktuellen Aufzeichnungsspeicher zwischen den getätigten „Reset"-Aktionen wirklich wichtig war und Du abspeichern möchtest. Wähle in dem Fall im Hauptmenü > Aufz.steuerungen > drücke auf der Registerseite ▶ die MENU-Taste > „Abschnitt speichern" und wähle nacheinander Anfang und Ende des gewünschten Track-Abschnittes anhand der entsprechenden Uhrzeiten aus.

Ehrlich gesagt: Bevor man sich dabei vertut und über Start- und Endzeit eines Abschnittes nachdenken muss, erscheint es mir einfacher man schneidet nachträglich am PC in der Garmin Kartensoftware „BaseCamp" nicht benötigte Teile vom aufgezeichneten Track ab.

Des Weiteren findest Du hier in der Kategorie „Reset" die Möglichkeiten:

- **<u>Alle Wegpunkte löschen</u>** und die Speicherbelegung zu erfahren (wie stark der <u>Wegpunktspeicher</u> ausgelastet ist, ob Du evtl. mal einige nicht mehr benötigte Wegpunkte rauswerfen solltest),
- **<u>„Aktuelle Aktivität lösch"</u>**: Den aktuellen Aufzeichnungsspeicher zu entleeren oder dessen Auslastung abzulesen (3.Zeile),
- Alle Einstellungen des aktuellen Profils zu verwerfen („**Reset Profil**"),
- Mit „**<u>Reset: Alle Werte</u>**" das Gerät auf <u>Werkseinstellungen</u> zurück-zusetzen (also alle persönlichen Einstellungen zu verwerfen, ohne dabei die gespeicherten Aufzeichnungen und Wegpunkte zu verlieren)

und

- „**<u>Alle löschen</u>**" und damit das Gerät in den Auslieferungszustand zu versetzen.

Kehre dann durch einen Tastendruck auf QUIT in die Geräteeinstellungen zurück.

Hard Reset

Fehlfunktionen lassen sich eventuell durch ein Zurücksetzen in den Auslieferungszustand – dem Hard Reset – beseitigen:

1. Schalte das Gerät aus.
2. Drücke die „PAGE" und „ENTER"-Taste gleichzeitig und halte diese gedrückt.
3. Schalte das Gerät mit der ⏻-Einschalt-Taste ein und lass diese Taste erst los, wenn das Garmin-Logo erscheint.
4. Lass die anderen beiden Tasten erst los, wenn die Frage "Alle Benutzerdaten löschen?" erscheint.
5. Bestätige die Frage mit "Löschen".

Der letzte Menü-Eintrag „**Info**" gibt Auskunft über die **Geräte-ID**, die aktuell verwendete **Software-Version** und **Lizenzen**.

Du merkst also, in Deinem GPSMAP ist so gut wie alles individuell einstellbar, so natürlich auch die Anordnung der Kategorie-Elemente im Hauptmenü, im „Einrichten"-Menü, der Bandanzeige (mit dem Du die Hauptseiten durchblätterst „Seitenfolge") sowie der FIND-Taste hinterlegten Zielauswahlmenü. Wähle dazu im Hauptmenü „**Menüs**"

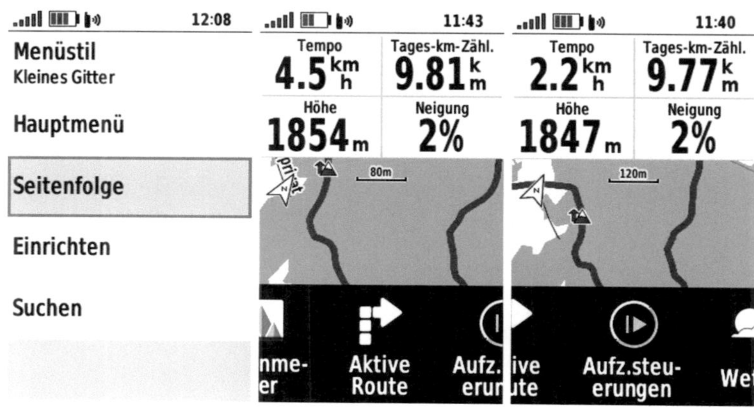

Abbildung 1-52
Hauptmenü > Einrichten > Menüs > Seitenfolge, um die Bandanzeige einzurichten

Sehr nützlich ist hier die Einstellmöglichkeit der „Seitenfolge" – also der <u>Bandanzeige</u>, die im Hauptseitenmodus beim Tastendruck auf PAGE oder QUIT erscheint. Hiermit lässt sich zuerst einmal einstellen, ob diese Bandanzeige „Langsam" oder „Schnell" reagieren soll, oder gar nicht erscheinen soll „Aus". Dann würde man pro Tastendruck jeweils eine Seite weiterblättern.

Über die Auswahl „**Seitenfolge**" können wir nun festlegen, welche Anwendungen im Seitenband zur Verfügung stehen sollen. Hier füge ich die Elemente hinzu, die ich unterwegs auch sehr oft benötige, um nicht erst den Umweg über das Hauptmenü nehmen zu müssen. Das könnte z.B. die „Aktive Route" und die „Aufz.steuerungen" sein. Öffne also bitte „Seitenfolge" und überlege welche Elemente in der erscheinenden Liste Du evtl. gar nicht benötigst. (Denn je mehr hier eingestellt sind, umso mehr musst Du ja durchblättern.) Wähle in dem Fall das entsprechende mit der ENTER-Taste an und bestätige „Entfernen".

Um ein Element hinzuzufügen, wählst Du den ganz unten aufgelisteten Eintrag „ Seite hinzufügen" > z.B. „Anwendungen" > „Aktive Route". Danach lässt sich dieses Element mit einem erneuten ENTER-Tastendruck in seiner Reihenfolge „Verschieben".

Kehre am Ende mit einem QUIT-Tastendruck in die Menü-Einstellungen zurück.

Das Einrichten des „**Hauptmenü**"s funktioniert ganz ähnlich. Auch hier kannst Du mit der ENTER-Taste eine beliebige Kategorie anwählen und in der Reihenfolge verschieben, entfernen oder an dessen Stelle eine andere Kategorie einfügen. Mit dem untersten Eintrag „Seite hinzufügen" kannst Du weitere Anwendung im Hauptmenü anordnen. Kehre mit QUIT zurück.

Das „**Einrichten**"-Menü sowie das „**Suchen**"-Menü (Zielauswahlmenü der FIND-Taste) bieten lediglich die Option an, dass dessen Kategorien in ihrer Reihenfolge verändert werden können. Lässt man sich also z.B. von dem GPS-Gerät sehr häufig zu Unterkünften navigieren, kann man sich die Kategorie „Unterkunft" gleich ganz nach oben legen usw.

Sind alle Kategorie-Elemente an ihrem Platz? Dann kehre mit mehreren QUIT- oder einem PAGE-Tastendruck in das Hauptmenü zurück und atme erst einmal kurz durch.

Anwendungen

Neben den Navigationsfunktionen hält das GPSMAP 66 im Hauptmenü (2x MENU-Taste drücken) auch etliche Zusatzfunktionen – „Anwendungen" – bereit, die ich hier kurz und auch nur zum Teil anschneide. Denn wie die Taschenlampe, der Taschenrechner, die Flächenberechnung, die Stoppuhr etc. zu bedienen ist, wird klar wenn man die entsprechenden Symbole mit der ENTER-Taste anwählt.

Die Anwendungen „XERO-Positionen" richtet sich an Besitzer eines digitalen Bogenvisiers. Mit der Anwendung „VIRB-Fernbedienung" lässt sich die Verbindung zu einer Garmin „VIRB" Action-Kamera herstellen und diese fernbedienen sowie mit der „inReach-Fernbed."-Anwendung die Verbindung zu einem Garmin „inReach" Satellitenkommunikationsgerät herstellen.

Stören Dich diese oder andere vorinstallierten Elemente, kannst Du diese im „Einrichten"-Menü > Menüs > Hauptmenü anwählen und entfernen.

Kalender: Sonne/Mond, Jagen/Angeln

Die Kalenderfunktionen des GPSMAP 66 zeigen Datum und Wochentag, Sonnen- und Mondstand sowie die besten Zeiten zum Jagen und Angeln an, jedes als einzelne Anwendung oder auch durch Öffnen des „Kalender"s und anschließendem MENU-Tastendruck umschaltbar.

Abbildung 1-53

Im „Kalender" sind eventuell bereits Tage mit einem markierten Eck gekennzeichnet. Das heißt, dass an diesen Tagen mit dem GPSMAP etwas aufgezeichnet wurde. Navigiere mit der Wipptaste auf eine Tageszahl, um näheres zu diesem Tag zu erfahren. Um im Kalender monatsweise vor- oder rückwärts zu blättern, kommst Du mit der ▬ oder ✚ Taste am schnellsten voran.

Drücke die MENU-Taste, um auf den Sonne/Mond-Kalender oder dem Kalender mit den empfehlenswerten Jagd- und Angelzeiten zu gelangen.

Diese Daten gelten jeweils für Deine aktuelle Position. Möchtest Du hingegen z.B. den Sonnenaufgang für eine andere Stadt in Erfahrung bringen, wählst Du bei Anzeige des Sonne/Mond-Kalenders die MENU-Taste > „Neue Position" und wählst z.B. „Kartenpunkt", um die gewünschte Stadt in der Karte anzuvisieren und mit der ENTER-Taste die Auswahl „Verw." (verwenden) zu bestätigen, um nun den Sonne/Mondstand für diese Stadt zu erfahren.

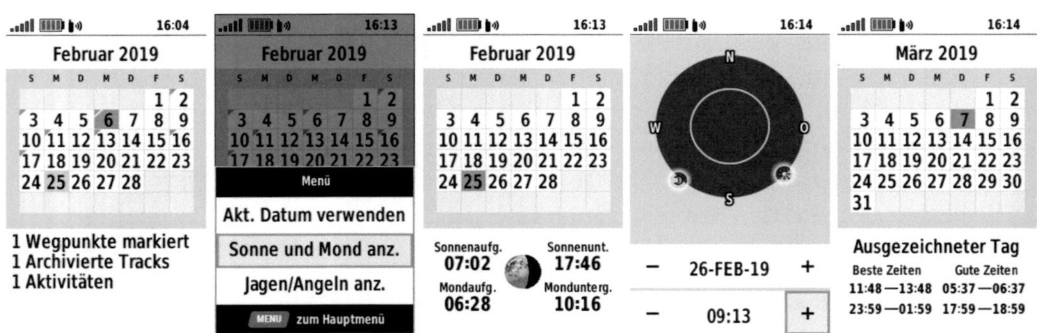

Abbildung 1-54 1: Kalender, 2: Optionen mit der MENU-Taste, 3: Sonne/Mond-Kalender, 4: Himmelspositionen, 5: Jagd-/Angel-Kalender

Durch Druck auf die MENU-Taste im Sonne/Mond-Kalender lässt sich des Weiteren mit „Himmelspos. anz." der Stand von Sonne und Mond mit entsprechender Himmelsrichtung grafisch darstellen (4.Bild v.li.).

Datenübertragung von Gerät zu Gerät

Solltest Du unterwegs jemanden treffen, der ein ähnliches Garmin GPS-Gerät besitzt, welches über die „ANT+"-Technologie zur drahtlosen Datenübertragung verfügt, könnt Ihr untereinander GPS-Objekte austauschen, so z.B. die Koordinaten (den Wegpunkt) einer tollen Einkehrmöglichkeit übermitteln.

Bringt dazu beide Geräte auf einen geringen Abstand (<10m) zueinander. Öffne mit doppeltem Druck auf die MENU-Taste das Hauptmenü und wähle dort die Kategorie „Drahtl. Übertr." (Drahtlose Übertragung). Derjenige, der einen Wegpunkt, eine Route, einen Track oder Geocache aus dem GPSMAP 66 senden möchte, wählt nun „Senden" und im nächsten Schritt die entsprechende Objekt-Kategorie. Dein Gegenüber wählt verständlicher Weise stattdessen „Empfangen", während Du das zu sendende Objekt durch Antippen auswählst und den Vorgang mit dem „Senden"-Button startest.

Datenübertragung per Bluetooth

Das GPSMAP 66 kann nicht nur per ANT+-Technologie, sondern auch per Bluetooth mit anderen Geräten kommunizieren:

- um Anrufe, SMS oder sonstige Mitteilungen Deines im Rucksack verpackten Smartphones auf den Bildschirm zu übertragen
- Wetterdaten abzurufen und
- um Deine aktuelle Fortbewegung an die Lieben zu Hause zu senden (Live-Tracking).

Dazu benötigst Du:

- natürlich Dein Smartphone in unmittelbarer Nähe zum GPSMAP,
- die „Garmin Connect Mobile"-App auf Deinem Smartphone (www.garmin.de > Shop > Apps) und
- ein Garmin Connect-Fitnesskonto (siehe Kap.3/"Software… > Garmin Express").

Koppeln des Smartphones mit dem GPSMAP 66

1. Installiere die „**Garmin Connect Mobile**"-App auf Deinem Smartphone bzw. Tablet (verfügbar für iPhone, Android und Windows). Detaillierte Informationen zur App findest Du hier: www.garmin.de > Shop > „Apps" oder in Deinem App-Store.

2. Öffne die Garmin Connect Mobile-App an Deinem Handy und wähle den Button „Konto erstellen", um ein neues Konto zu eröffnen, oder logge Dich mit Deinen Zugangsdaten ein, falls Du bereits ein Konto besitzt.

→ Wenn Du die App das erste Mal öffnest und Nutzer eines Apple-Handys bist, schaltet sich zuerst einmal eine „Health"-App (weiße Seite) dazwischen und bittet um eine einmalige Zustimmung, ob die Daten Deines GPS-Gerätes in diese Gesundheits-App von Apple übertragen werden dürfen. Diese „Health"-App hat nichts mit Garmin zu tun. Du kannst hier alle Schieberegler in der deaktivierten Stellung belassen und diese Seite mit Antippen des Buttons „Nicht erlauben" schließen bzw. selbst entscheiden, an wen Du Deine Daten weitergeben möchtest. Die Garmin Connect Mobile-App ist derzeit an ihrem schwarzen Hintergrund zu erkennen. Welche sonstigen Drittanbieter auf die Daten Deines Connect-Kontos zugreifen möchten oder bereits schon tun, kannst Du im ☰ Menü der App > Einstellungen > „Drittanbieter" nachsehen und gegebenenfalls abstellen. ←

3. Nach dem erfolgreichen Anmeldevorgang und bei Erstnutzung der Connect Mobile-App leitet Dich der Assistent durch die Einrichtung der App und fordert dann automatisch zum Koppeln Deines Garmin-Gerätes auf.

Sollte der Assistent nicht erscheinen, öffnest Du bitte den Menü-Button, der je nach Gerät entweder im linken oberen oder im rechten unteren Eck zu finden ist und wählst hier „Garmin-Geräte" sowie auf der daraufhin erscheinenden Seite „Gerät hinzufügen".

3. Am GPSMAP 66 aktivierst Du die erstmalige Bluetooth-Kopplung im Hauptmenü > Einrichten > „Bluetooth" und befolgst die Anleitung am Bildschirm. Bestätige den erscheinenden Kennungscode und durchlaufe den weiteren Einrichtungsprozess an Deinem Handy.

Nach erfolgreicher Kopplung sollte sich in der Zeile „Benachrichtigungen" der Schieberegler in der oberen Position befinden, so dass alle an Deinem Handy ankommenden Mitteilungen auf den Bildschirm des GPSMAP 66 übertragen werden.

Mit Bestätigen der letzten Zeile „Telefon entfernen" kannst Du diese Verbindung auch wieder gänzlich beseitigen. Möchtest Du die Bluetooth-Verbindung jedoch nur vorübergehend abschalten, bestätigst Du hier in den Bluetooth-Einstellungen die Zeile „Status", wodurch der Schieberegler nach unten in die „AUS"-Stellung springt. Die Bluetooth-Einstellungen lassen sich entweder im Hauptmenü > „Einrichten" oder mit der ① EIN/AUS-Taste über die Statusseite öffnen.

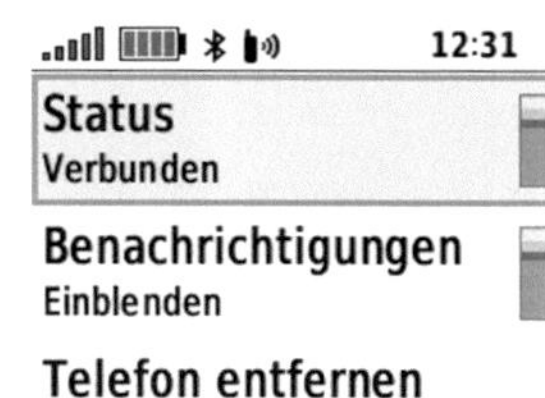

Abbildung 1-55
Hauptmenü > Einrichten > Bluetooth

Abbildung 1-56
Benachrichtigungen vom Handy erscheinen am Display d. GPSMAP 66

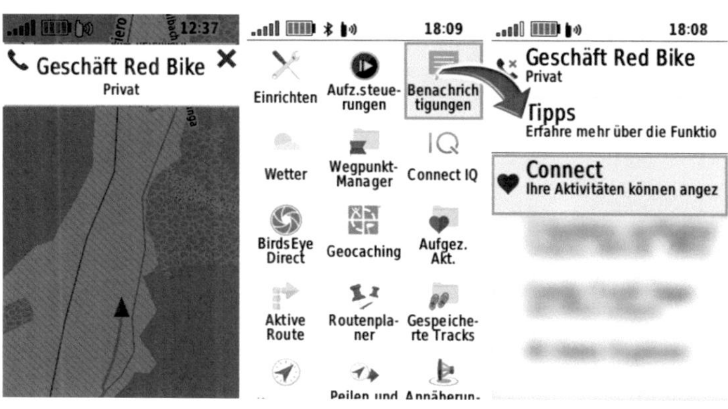

Die am Display erscheinenden Mitteilungen vom Handy können mit der ENTER-Taste weggedrückt werden sowie im Hauptmenü in der Kategorie „Benachrichtigungen" nachträglich betrachtet werden. So lässt sich am Display schnell erkennen, ob ein wichtiger Anruf oder belanglose Nachrichten eintreffen, und ob sich ein Anhalten und Herauskramen des Handys lohnt.

Wetterdaten am GPSMAP 66 ablesen

Sobald das GPSMAP 66 über eine Bluetooth- oder WLAN-Verbindung verfügt, bezieht es die Wetterdaten für Deinen aktuellen Standort bzw. dessen nächste Wetterstation. Diese werden Dir auf der Statusseite (① EIN/AUS-Taste) als Schnellzugriffszeile eingeblendet.

Navigiere mit der Wipptaste in diese Zeile und bestätige sie mit der ENTER-Taste (1.Bild v.li.), um zu den detaillierten Wetterdaten zu gelangen. Wähle dann die gewünschte Registerkarte „Wetterdaten" (2.Bild v.li.), „Wetterradar", regionale Übersicht der Bewölkung, Temperatur (3.Bild v.li.) oder Windstärken (4.Bild v.li.) am oberen Bildrand mit ◀ ▶ Rechts- oder Linksdruck der Wipptaste aus. Nutze die MENU-Taste: „Wiedergabe", um auf den Radar- und Übersichtsseiten die stündlichen Veränderungen anzeigen zu lassen.

Abbildung 1-57 Über die Statusseite: Wetterdaten öffnen, mit der Wipptaste alle weiteren Wetterseiten durchblättern

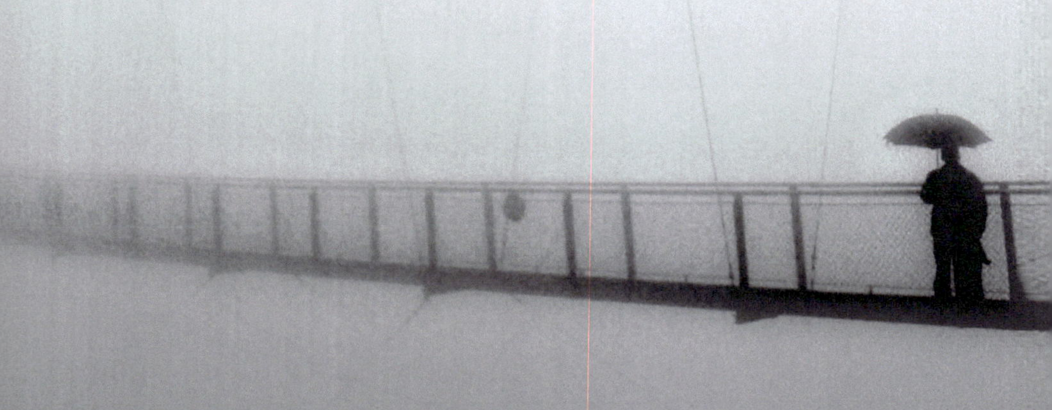

Software-Update

Mit bestehender Bluetooth- oder WLAN-Verbindung synchronisiert sich das GPSMAP 66 von Zeit zu Zeit selbstständig mit Deinem Garmin Connect-Konto und erkennt ebenso, wenn ein neues Software-Update verfügbar ist. Dieses installiert sich automatisch. Lediglich neu zur Verfügung stehende Kartendaten müssen am PC per USB-Kabelverbindung und Garmin Express Manager-Tool übertragen werden. Die Synchronisation kannst Du aber auch jederzeit selbst am Handy in der Connect Mobile-App über das Gerätesymbol oder den ↻ Button auf der Übersichtsseite „Mein Tag" starten. Dabei werden auch Deine mit der ENTER-Taste gestarteten und gestoppten Aufzeichnungen übertragen.

Live-Tracking

Mit dem Live-Tracking ist es möglich, die aktuelle Position anderen mitzuteilen und Deine Bewegung somit in Echtzeit miterleben zu lassen. Damit müssen z.B. Daheimgebliebene nicht mehr in Ungewissheit schwelgen, wenn der Partner wieder einmal allein auf Tour ist.

Tippe in der Garmin Connect Mobile-App am Handy > Garmin-Geräte > auf der Seite des verbundenen Gerätes die „Geräteeinstellungen" an, um den Aktivierungs-Button für das „automatische Hochladen" der Aufzeichnungsdaten „Ein"-zuschalten. Damit wird nun nicht nur Deine aktuelle Position, sondern auch die bereits zurückgelegte Strecke als Linie in der LiveTrack-Kartenansicht dauerhaft angezeigt. Kehre dann in das Hauptmenü der Connect Mobile-App zurück.

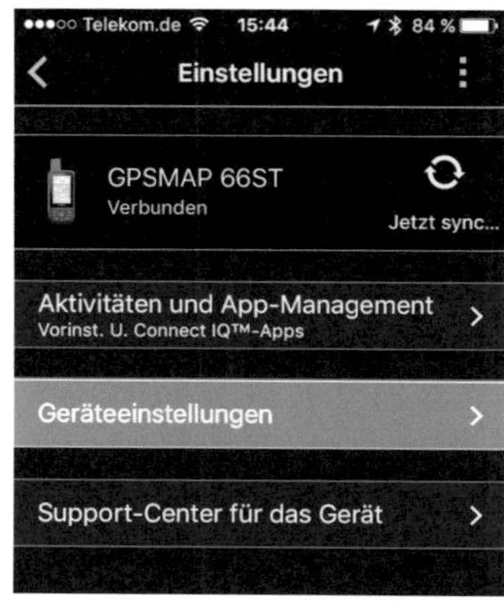

Abbildung 1-58
Connect Mobile-App:
Menü > Garmin-Geräte

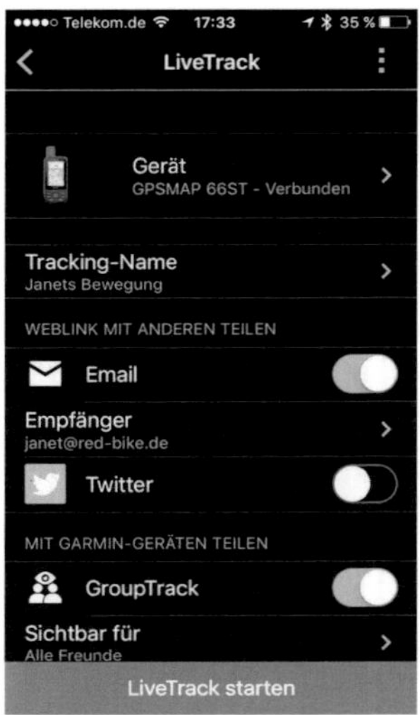

Abbildung 1-59
LiveTrack-Seite am iPhone

Öffne im Hauptmenü der App die „Live Track"-Seite. Hier können nun Freunde und Bekannte per E-Mail Adresse hinzugefügt oder Deine Aktion in Deinen sozialen Netzwerken veröffentlicht werden. Letztendlich aktivierst Du den Button „Live Track starten" und startest ebenfalls die Aufzeichnung an Deinem GPSMAP 66 (ENTER-Taste) während Du Dich in Bewegung setzt.

Abb. 1-60 LiveTrack-Symbol (Auge) ist am oberen Display-Rand sichtbar

Bringe auch den Schieberegler bei der **GroupTrack**-Funktion in die rechte, die aktivierte Stellung. Denn Garmin GPS Sportgeräte (z.B. Edge 1030) können die Position der Personen die ein solches Live-Tracking gestartet haben direkt am Kartenbildschirm anzeigen. Dazu müssen sie mit Dir „befreundet" und/oder mit Dir in einer „Trainings-gruppe" sein (eine solche Vernetzung nimmst Du im Connect-Benutzerkonto > „Verbindungen" oder „Gruppen" vor).

Sobald Du am Handy das LiveTracking gestartet hast, ergibt sich die Möglichkeit den Schieberegler bei „LiveTrack verlängern" zu aktivieren, damit bis zu 24 Stunden nach Beendigung Deiner Aktivität diese trotzdem noch in der LiveTrack-Darstellung angesehen werden kann.

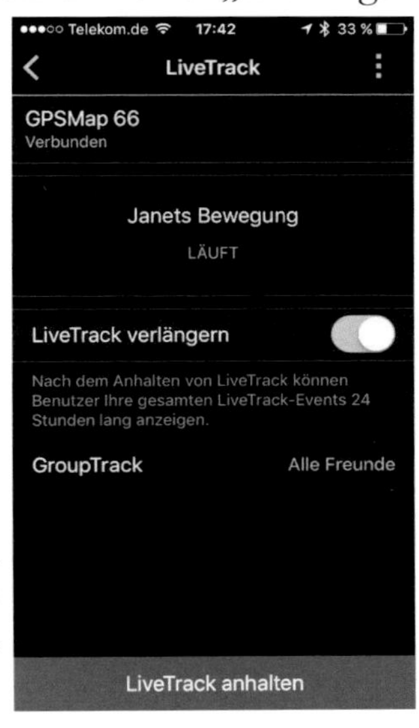

Abbildung 1-61
Handy: LiveTrack-Seite:
Sichtbarkeit verlängern

Währenddessen erscheint in der E-Mail Deiner „eingeladenen" Bekannten bzw. in Deinem Sozial Network-Konto ein Link, der die Beobachter auf die Live Track-Seite von Garmin führt. Hier kann nun der Betrachter genauestens Deine Fortbewegung, Bewegungszeit, Tempo, Entfernung, aktuelle Höhe und gesamte Aufstiegsmeter sowie bei Nutzung entsprechender Sensoren Herzschlag, Trittfrequenz etc. mitverfolgen.

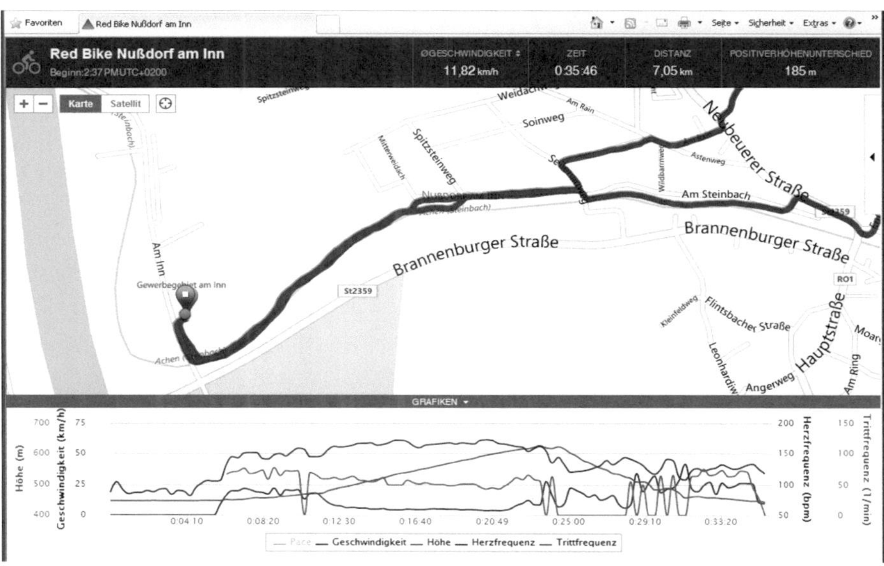

Abbildung 1-62 Live Track Ansicht am PC/ Smartphone ähnlich

Sobald Du am GPSMAP 66 auf der Karten-, Kompass-, Reise-computer- oder Höhemesser-Seite die ENTER-Taste betätigst und die Aufzeichnung „stoppst" und daraufhin „ 🗑 " löschst oder „ 💾 " speicherst wird die Live-Übertragung beendet. Mit „Speichern" wird die Aufzeichnung gleichzeitig im „Aufgez.Akt."-Ordner (Aufzeich-nungsprotokoll) Deines GPSMAP 66 sowie in Deinem „Garmin Connect"-Trainingskonto abgelegt.

Genieße die Landschaft,
um den Weg kümmert sich
Dein GPSMAP 66

Kapitel 2 - Navigation

Grundlagen

Bevor wir nun so richtig mit GPS-technischen Begriffen um uns werfen, kommt hier zuerst einmal die Auflösung:

Routen, Tracks und Strecken (Courses)

Umgangssprachlich wird gerne alles als Route bezeichnet. Denn wer sagt schon „Wir nahmen den Track über die Alpen." Da heißt es doch immer „Wir nahmen die Route über die Alpen." Für das Verständnis mit dem Sport- & Outdoor-GPS gibt es hier allerdings einen großen Unterschied.

Bei **Route**n handelt es sich um den automatisch berechneten Weg zum Ziel (auch Autorouting genannt). Also genau das Gleiche wie man es vom Auto-Navi kennt, bloß eben ohne Sprachausgabe. Das GPSMAP 66 meldet eine Abbiegesituation mit Piepston, Textnachricht und der grafischen Darstellung in der Karte.

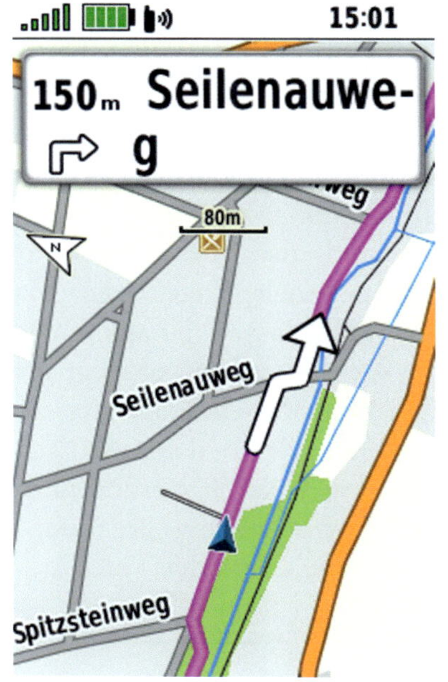

Abbildung 2-1
Kartenansicht mit automatisch erscheinendem Abbiegehinweis und Textnachricht mit verbleibender Distanz bis zur Abbiegung

Alle Zielpunkte, die man am GPSMAP 66 mit der FIND-Taste auswählt und zu diesem die Navigation mit „Los" startet, erzeugen eine Route. Das typischste Zeichen einer Route ist das automatische Erscheinen von Abbiegehinweisen. So kann man sich vielleicht auch gut merken, dass das GPS-Gerät auch automatisch nur das macht, was man ihm mitgeteilt hat.

Daher ist es also auch wichtig, vor dem Starten einer Route alle Einstellungen für das Routing bestens an die aktuellen Bedürfnisse anzupassen (Routing-Modus: Wandern, Bergsteigen, Tourenrad, Mountainbiken, kürzere Zeit oder geringerer Anstieg zum Ziel etc.). Diese Einstellungen nimmt man im Hauptmenü > Einrichten > „Routing" vor.

Die Aufzeichnung der eigenen Bewegung hingegen nennt sich **Track**. Es ist die Linie, die ein GPS-Gerät durch die Fortbewegung automatisch Punkt für Punkt aufgezeichnet hat. Diese Linie wird im GPSMAP 66 auf der Kartenseite türkisfarbig dargestellt. (Diese Farbe lässt sich im Hauptmenü > Aufz.steuerungen > auf der Registerseite „ⓘ" die MENU-Taste drücken: „Farbe wählen" nach Belieben umstellen.)
Es sind also diese sagenumwobenen „Brotkrümelspuren", die man durch das Fallenlassen einzelner Brotkrümel als Wegmarkierung erzeugt hätte. Diese Brotkrümel stellen Punkte dar (Trackpunkte), welche automatisch miteinander verbunden werden und die Linie der Fortbewegung ergeben. Also die Tracklinie, kurz: der Track.

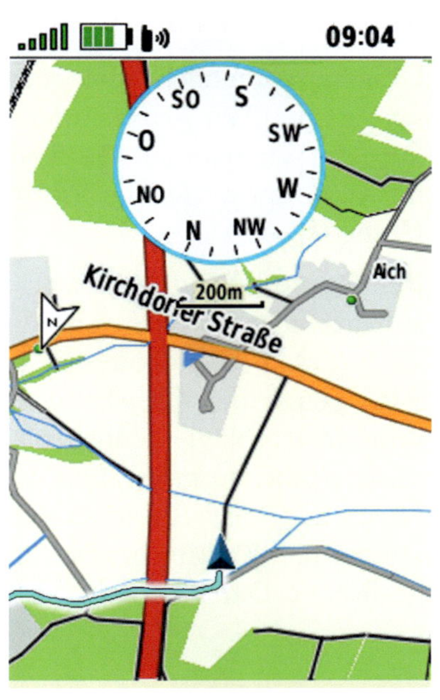

Abbildung 2-2
Türkis = Eigene Tracklinie

Diese Aufzeichnung kann vom Gerät nicht verändert werden und dient daher bestens als Orientierungslinie zum wiederholten Abfahren/-laufen. Tracks lassen sich in einer geeigneten GPS-Software am PC manuell nachbearbeiten, um z.B. Verfahrwege herauszulöschen. Tracks müssen jedoch nicht unbedingt nur Aufzeichnungen von GPS-Geräten sein, sondern können auch am PC in einer GPS-Kartensoftware gezeichnet werden. Möchte man einen Track zur

Navigation nutzen, muss man diesen vor Reiseantritt in das Gerät laden. Man kann einen Track also nicht vor Tourstart im Gerät erzeugen, um zu einem bestimmten Ziel zu finden.

Ein Track eignet sich besonders dann zur Navigation, wenn es sich um einen Tourenvorschlag handelt, wo man eben genaue Vorstellungen hat, welche Wege benutzt werden sollen, wobei also der Weg das Ziel ist (z.B. Transalp).

Als **Strecke/Kurs (Courses)** bezeichnet man die GPS-Aufzeichnung, die einem Garmin GPS-Trainingsgerät entspringt. Da das GPSMAP 66 Deinen sportlichen Ehrgeiz nicht bremsen möchte, kann es die Fortbewegung als Track und/oder als Strecke aufzeichnen (siehe Einstellungen > Ausgabeformat). Eine Strecke ist eine Art von Track, die zusätzlich zu den aufgezeichneten GPS-Daten auch umfangreiche Trainingsinformationen, wie z.B. Zwischenzeiten, Puls und Trittfrequenz beinhalten kann. Diese Daten werden deswegen auch in einem anderen Dateiformat (FIT, TCX oder CRS) abgespeichert und können nach der Tour am PC mit speziellen Trainingsauswertungs-Tools wie dem Online-Portal für Aktivsportler „Garmin Connect" haarklein analysiert werden. Detaillierte Informationen dazu sehen wir uns in Kapitel 3/ „Aufzeichnung in Garmin Connect öffnen" an.

Eine Strecke kann im GPSMAP 66 über die FIND-Taste aus der Kategorie „Aufgz.Akt." (aufgezeichneten Aktivitäten) zum erneuten Abfahren/-laufen verwendet werden.

➜ Routen, Tracks und Strecken sind also 3 total unterschiedliche GPS-Elemente. In „BaseCamp" –der Garmin Kartensoftware am PC– kann man Routen und Tracks gut voneinander unterscheiden (verschiedene vorangestellte Symbole vor dem Namen, Art des Linienverlaufes). Die Detailinformationen von Strecken kann man nur mit einer Trainingsauswertungs-Software analysieren. Öffnet man diese trotzdem in einem GPS-Kartenprogramm, werden Strecken ebenfalls wie Tracks dargestellt. ←

Trackpunkte, Wegpunkte und POIs

Die Punkte (die Brotkrumen) aus denen ein Track besteht, nennt man
Trackpunkte. Diese werden vom GPS-Gerät automatisch gesetzt.
Wenn man einen Track am PC zeichnet, so sind es die Mausklicks, die
diese Trackpunkte erzeugen, welche miteinander verbunden die
Tracklinie - also den Track - bilden. Trackpunkten kann man **keine**
Zusatzinformationen anhängen, wie z.B. Fotos, Hinweise, Symbole etc.

Mit Wegpunkten haben wir ja bereits schon ein wenig gearbeitet. Es
sind besondere Positionen/Standorte, die man sich unterwegs im
GPSMAP 66 schnell abspeichern und später nachbearbeiten kann.
In der Kartensoftware am PC kann man ebenfalls Wegpunkte erstellen,
im GPX-Format abspeichern und an das GPS-Gerät senden. Das hat
den Vorteil, dass man dieses Ziel im GPSMAP 66 schnellstmöglich
aufrufen und die automatische Navigation (das Routing) zu diesem
Punkt starten kann. Man erspart sich auf alle Fälle das länger dauernde
Suchen im Zielauswahlmenü der FIND-Taste oder gar die buchstäb-
liche Eingabe einer Adresse. Wegpunkten kann man am PC umfangreiche Informationen anhängen, wie z.B. eine kurze Beschreibung,
Weblinks, Fotos… etc.

POI (Points of Interest) ist eine bestehende Sammlung solcher interes-
santen Wegpunkte, die der Befriedigung des täglichen Bedarfs dienen
oder Anlaufstellen in dringenden Fällen sind. POIs sind in den Karten
von Garmin enthalten oder können als POI-Sammlung z.B. von
http://www.garmin.com/de/extras/pois
wie z.B. Badeseen, Standorte von Fahrradschlauchautomaten, Bett &
Bike-Adressen, Wohnmobilstellplätze, Klettersteige etc., kostenlos
heruntergeladen werden.

Zwischenziele sind Bestandteile von Routen. Es sind die Punkte, die
auf dem Weg zum Ziel angefahren werden sollen, weil man nicht den
direkten Weg wünscht. Mit Zwischenzielen werden wir uns bei der
Verwendung des Routenplaners beschäftigen.

Routennavigation : Beliebig zum Ziel

= die automatische Wegführung (Route) zum Ziel. Der Weg dorthin ist zweitrangig. Es wird der kürzeste oder beste Weg vom GPSMAP 66 errechnet. Man ist der Technik mehr oder weniger ausgeliefert.

Abbildung 2-3
Den Weg zum Ziel erstellen lassen

➜ Sobald das GPS-Gerät entscheiden soll wie Du zum Ziel kommst, muss in den Routing-Einstellungen Deine Fortbewegungsvariante korrekt ausgewählt sein. Wenn Du z.B. vom Radfahrer zum Wanderer wechselst, solltest Du die Routing-Einstellungen anpassen. Denn die Wege die der „Bergsteiger" bevorzugt unterscheiden sich ganz gewaltig von denen eines „Mountainbikers". Außerdem lässt sich das Gerät auch für die Navigation mit dem Pkw, Motorrad oder anderen Fahrradprofilen verwenden. ⬅

Damit das Gerät oder vielmehr die Software des Gerätes eine Route zu dem gewählten Zielpunkt berechnen kann, benötigt es routingfähiges Kartenmaterial. Das ist im GPSMAP 66st mit der „TopoActive Europe" bereits installiert. Das Aufspielen weiterer Karten bzw. beim

GPSMAP 66 überhaupt erst einmal einer Karte sehen wir uns in Kapitel 3/"Karten installieren" an.

Die Wegberechnung ist also von den in der Karte erfassten Informationen (Straßen und Wege) abhängig. Sicher wirst Du Dein GPSMAP 66 erst einmal in Deiner Gegend testen und mit der Navigation zufrieden sein oder nicht. Wenn nicht, liegt das definitiv nicht am Gerät, sondern entweder an den nicht korrekt gewählten Routing-Einstellungen oder am Kartenmaterial.

Routing-Einstellungen

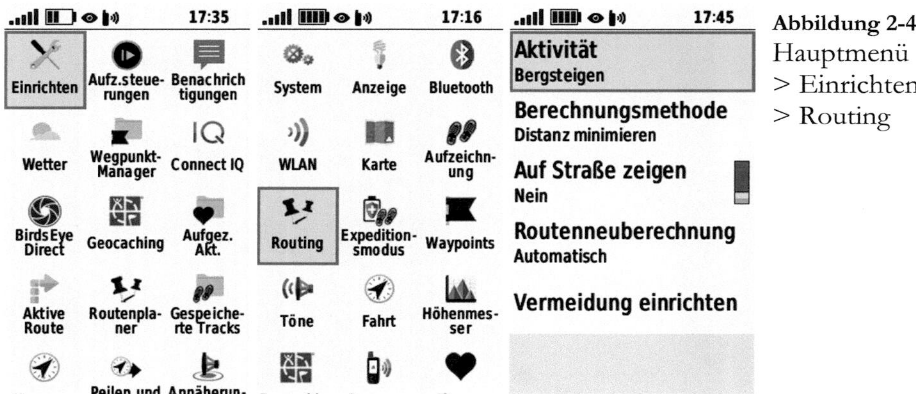

Abbildung 2-4
Hauptmenü
> Einrichten
> Routing

Rufe mit Doppeldruck auf die MENU-Taste das Hauptmenü > Einrichten > und darin die „**Routing**"-Einstellungen auf. Hiermit hast Du nun also die Möglichkeit, die Routenberechnung auf Dein gewünschtes Bewegungsprofil abzustimmen durch:

- Die Aktivität: Renn-"Radfahren", „Tourenradfahren", „Zu Fuß" (Spaziergänger), „Wandern", „Bergsteigen" (Alpinist) etc. Wähle „Luftlinien-Routing", falls Du die direkte Richtung angezeigt bekommen möchstest. Für manch einen kann es vielleicht auch Sinn machen „Auswahl" zu wählen, wodurch man erst bei Routenstart befragt wird, welche Fortbewegung für die Routenberechnung relevant ist.

- Die Berechnungsmethode: Man kann wählen zwischen der Variante mit der kürzeren Strecke, der kürzeren Zeit oder dem geringeren Anstieg (also um den Berg herum oder drüber hinweg). Um direkt bei Routenstart diese Entscheidung zu treffen, wähle auch hier wieder „Auswahl".

- <u>Auf Straße zeigen</u>: „Ein" fixiert den eigenen Positionspfeil und die Aufzeichnung auf der Straßenmitte. Im Gelände kann so aber auch die Trackaufzeichnung schnell einmal auf einen benachbarten Pfad springen. Wenn Du mich fragst? Ich behalte diese Einstellung lieber gerne „Aus".

- <u>Routenneuberechnung</u>: Sobald Du Dich von der vorgeschlagenen Route entfernst wird mit der Einstellung „Automatisch" die Route sofort neu berechnet. Mit „Aus" bleibt die Route im ursprünglichen Zustand. Mit „Auswahl" hast Du die Möglichkeit vor Ort zu entscheiden, ob die Route so belassen oder neu berechnet werden soll.

- <u>Vermeidung einrichten</u>: Hier ist unbedingt zu definieren, ob unbefestigte Straßen (also nicht geteerte Straßen/Forstwege) und schmale Wege (Wanderwege) von der Wegberechnung ausgeschlossen werden sollen, weil Du z.B. gerade Deine Rennradeinstellungen wählst. Bestätige die entsprechende Zeile mit der ENTER-Taste. Ist die Zeile mit einem grünen Häkchen versehen, so wird diese Option ausgeschlossen.

Kehre dann mit Druck auf die PAGE-Taste aus den Einstellungen zurück, um nun das Ziel für Deinen Ausflug zu wählen.

Drücke die FIND-Taste, um ein entsprechendes Ziel zu wählen. In dem sich öffnenden Zielauswahlmenü sind alle navigationstauglichen Objekte zu finden, so auch

Abbildung 2-5
Suche nach Unterkünften in der Umgebung

Deine mit dem Gerät „Aufgezeichneten Aktivitäten", vom PC oder Handy übertragenen „Tracks" und „Routen" sowie Deine eigens erstellten Wegpunkte und alle Wegpunkte die als POI-Sammlung vorliegen oder im Kartenmaterial integriert sind. Es ist auch von der installierten Karte abhängig, welche POIs zur Auswahl stehen.

Die Suche nach einem Ziel geht immer **vom aktuellen Standort** aus und zeigt die Suchergebnisse in der Reihenfolge mit zunehmender Entfernung an. In den Kategorien Deiner eigenen „Wegpunkte" und „Tracks" lässt sich die Anzeigepriorität allerdings auch mit Druck auf die MENU-Taste „Sortieren" und somit auf „Alphabetisch" umstellen.

Um z.B. nach einer Berghütte mit Übernachtungsmöglichkeit in der Umgebung zu suchen, wähle die Kategorie „Unterkunft".
Bist Du Dir nicht sicher, zu welcher Kategorie Dein Suchobjekt zählen könnte, wähle „Alle POIs", wodurch die Suche allerdings auch etwas länger dauert. Die Liste der erscheinenden Suchergebnisse kannst Du mit der ▬ oder ✚-Taste seitenweise nach unten oder oben bzw. mit der Wipptaste zeilenweise durchblättern und dann das gewünschte Objekt mit der ENTER-Taste aufrufen. Oft bist Du schneller, wenn Du die MENU-Taste nutzt und „Suchbegriff eingeben" wählst, um so den Dir eventuell bekannten Namen der Unterkunft einzugeben.

Navigationsstart

Hast Du eine Navigation zu einem Zielpunkt mit „Los" gestartet (und die ENTER-Taste zum Aufzeichnen Deiner eigenen Bewegung gedrückt), folgst Du nun einfach der Magenta-farbigen Routenlinie und den Anweisungen am oberen Bildschirmrand der Karte. Durch Antippen dieses Navigationstextes (1.Bild v.li.) kannst Du Dir des Weiteren auch die Liste aller bevorstehenden Abbiegungen anzeigen lassen (2.Bild v.li.), diese einzeln aufrufen und Dich über dessen Abbiegesituation vorinformieren. Im Gegensatz zur Abbiegeliste wird hier in der angewählten Abbiegevorschau (3.Bild v.li.) die gesamte Entfernung von Deiner aktuellen Position bis zu diesem Punkt angezeigt.

Auf der „Höhenmesser"-Seite erscheint zusätzlich zu dem bereits überwundenen nun auch das vorausliegende Höhenprofil in blauer Farbe.

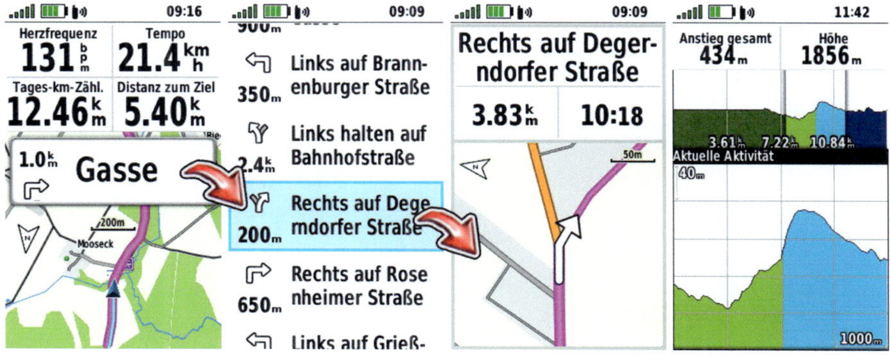

Abbildung 2-6 1.Bild v. li.: Abbiegevorschau-Liste aufrufen

Aktive Route ändern

Möchtest Du während einer aktiven Route die Berechnungsart ändern (z.B. weil Du bemerkst, dass die MTB-Tour durch mehrere Kuhgatter führt, welche Du jedoch mit dem E-MTB nicht überwinden kannst), so drückst Du nochmals die FIND-Taste, wobei nun die Auswahl "Routenaktivität ändern" bereitsteht, über die Du die Änderung vom „Mountainbiken" zu „Off-Road-Fahren" vornimmst.

Standort für die Zielsuche

Mit dem GPSMAP kann man sich nicht nur die Ziele ausgehend von Deinem aktuellen Standort, sondern auch die Ziele in der Nähe einer x-beliebigen Position anzeigen lassen.

Zum Beispiel: Wir befinden uns auf der Wandertour während sich so langsam ein Hungergefühl heranschleicht. Wir schätzen, bis zum Gipfel in etwa 5 km schaffen wir es noch. Doch dort wollen wir dann unsere Energiereserven unbedingt wieder auffüllen.

1. So drückst Du die FIND-Taste. In unserem Fall, wo wir ja bereits auf Tour sind und eine Navigation gestartet haben, erscheint nun das Optionsmenü zu unserer aktiven Route, womit wir unsere Route verändern können. Wähle hier nun „Zwischenziel einfügen" (wenn nicht vorhanden, dann „Andere suchen"). Erst dann öffnet sich das bekannte Zielauswahlmenü. Drücke nun jedoch **sofort** die MENU-Taste und wähle „Suche bei".

2. Daraufhin öffnet sich eine Auswahl mit der Du bestimmen kannst, um welchen Punkt herum nun gesucht werden soll.

Abbildung 2-7   Eine Suche von x-beliebiger Position aus starten

In unserem Beispiel kann das also ein gespeicherter „Wegpunkt" sein (weil Du Dir am Berggipfel einen Wegpunkt erstellt hattest) oder auch gern ein in der Karte selbst wählbarer „Kartenpunkt". Denn damit öffnet sich die Karte, die Du mit der Wipptaste und dem daraufhin erscheinenden weißen Zeigepfeil so verschieben kannst, dass Du den Gipfel aufspüren und mit der Pfeilspitze anvisieren kannst. Wähle am Ende „Verw." (verwenden).

3. Daraufhin öffnet sich wieder das Zielauswahlmenü, in dem wir nun die Kategorie wählen, nach der wir von diesem simulierten Standort aus suchen. Wähle für unser Beispiel „Restaurants">„Alle Kategorien".

Abbildung 2-8 Das Suchobjekt in den vorgegebenen Kategorien aufstöbern

Und: Hurra!!! Wir bekommen endlich angezeigt, ob und wo es in Gipfelnähe etwas Essbares geben könnte. In meinem Beispiel ist sogar direkt am Gipfel eine bewirtschaftete Alm.

4. Möchtest Du Dir den gefundenen Punkt einfach nur abspeichern und später selbst entscheiden, wann Du von der geplanten Tour zu dieser Einkehr abbiegen möchtest, drücke dazu (während Du den Kartenbildschirm mit der „Los"-Schaltfläche siehst) die MENU-Taste und wähle „Punkt anzeigen", dann nochmals die MENU-Taste: „Als Wegpkt. speichern".

Diesen Punkt siehst Du dann deutlich in der Karte und kannst später selbst entscheiden, wann Du von der geplanten Tour zu dieser Einkehr abbiegen möchtest.

Navigation beenden

Es ist möglich, dass die Navigation nicht automatisch endet. Das passiert, wenn das Ziel nicht automatisch erkannt wurde oder Du das Ziel absichtlich gar nicht erreicht hast. In dem Fall bleibt die Magenta-farbige Linie in der Karte sichtbar. Dann drückst Du die FIND-Taste und bestätigst in der erscheinenden Auswahl „Navigation anhalten" mit der ENTER-Taste.

Ziele in der Karte suchen

Nun gibt es auch Ziele, zu denen man sich führen lassen möchte, jedoch weder Namen noch Adresse kennt. Allerdings anhand der Karte könnte man sich erinnern, wo sich diese Position befinden könnte. Dann kann man die ganz normale Kartenansicht nutzen, um diesen Punkt aufzustöbern.

Blättere dazu mit der PAGE-Taste zur Kartenseite. Drücke die Wipptaste, um die Karte in eine gewünschte Richtung zu verschieben. Ziele mit dem weißen Zeiger auf die Position, die Du als Ziel verwenden möchtest.

Nutze die — Taste, um die Kartenansicht im kleinen Maßstab schneller an eine weit entfernte Position zu verschieben und zoome dann mit der + Taste wieder in die Kartenansicht hinein, um den weißen Zeiger perfekt positionieren zu können.

Drücke die ENTER-Taste und wähle das gewünschte Merkmal aus dem am oberen

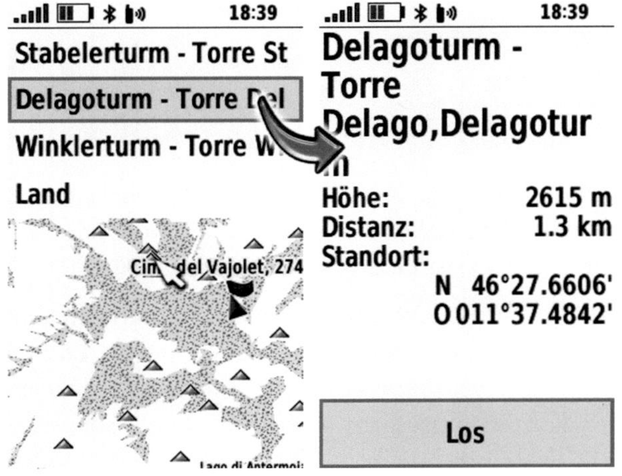

Abbildung 2-9   Ziel in der Karte festlegen

Displayrand erscheinenden Treffern. Hast Du nämlich einen Punkt erwischt, dem mehrere Informationen angehören (wie hier z.B. verschiedene Gipfel, Land), so erscheint diese Auswahl. In den sich durch Bestätigen mit der ENTER-Taste öffnenden Wegpunkteigenschaften kannst Du nun mit „Los!" sofort die Navigation dorthin starten oder die MENU-Taste drücken und „Als Wegpkt. speichern" wählen.

Das war´s schon. Nach dem Speichern steht wieder der große „Los"-Button zur Verfügung.

Koordinaten als Ziel

Oftmals findet man bei einer Wegbeschreibung im Internet <u>Koordinaten</u> zu einer Adresse, wie z.B. diese hier N 47°44.511' E 12°08.313'

Um Koordinaten als Navigationsziel in das GPSMAP 66 einzutippen, öffnest Du durch Druck auf die FIND-Taste das Zielauswahlmenü und wählst die Kategorie „Koordinaten". Auf der sich öffnenden Seite musst Du zuerst mit der Wipptaste den ▶ Pfeil wählen, um mit diesem dann in der bereits eingetragenen Koordinaten-Zahlenreihe entlangzuspringen und an der entsprechenden Stelle die Zahl abändern zu können. Die Angabe, ob sich die Koordinate auf der Nord-, Süd-, Ost- oder West-Hälfte unserer Erdkugel befindet, änderst Du mit den ▼▲ Pfeilen, sobald Du Deine Schreibmarkierung auf den entsprechenden Himmelsrichtungsbuchstaben setzt (2.Bild v.li.).

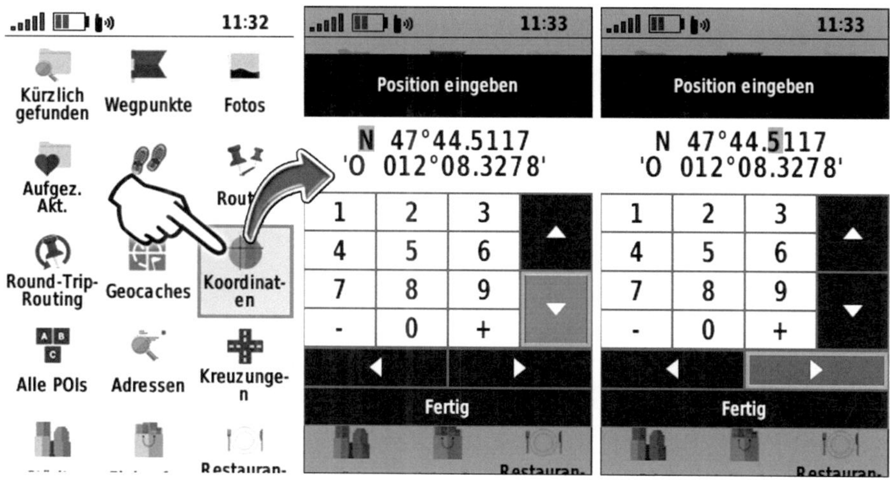

Abbildung 2-10 Zieleingabe per Koordinaten

Nun kann es allerdings sein, dass die Zahlenformation des Wegpunktes den Du im Internet gefunden hast anders aussieht, als das voreingestellte Zahlenformat in Deinem GPSMAP 66. In dem Fall sollten wir uns mit dem Positionsformat beschäftigen, welches Du ja im Hauptmenü > Einrichten > „Positionsformat" ändern kannst.

Koordinatensystem

Um einen bestimmten Punkt auf der Erde benennen zu können, benötigt man ein System, welches die exakte Entfernung in Breite- und Länge zu einem bestimmten Punkt angibt. Dafür wurde ein Netz über die Erde gelegt (das Koordinatengitter), wobei der Äquator mit 0° der Ausgangspunkt für die Zählung in nördlicher und südlicher Breite und der durch den Londoner Stadtteil „Greenwich" verlaufende Meridian den Nullwert und die Bezeichnung „Nullmeridian" für die Zählung in westlicher und östlicher Länge erhält. Dadurch kann nun also der winzigste Punkt auf der Erde exakt numerisch bezeichnet, also mit Koordinaten betitelt werden.

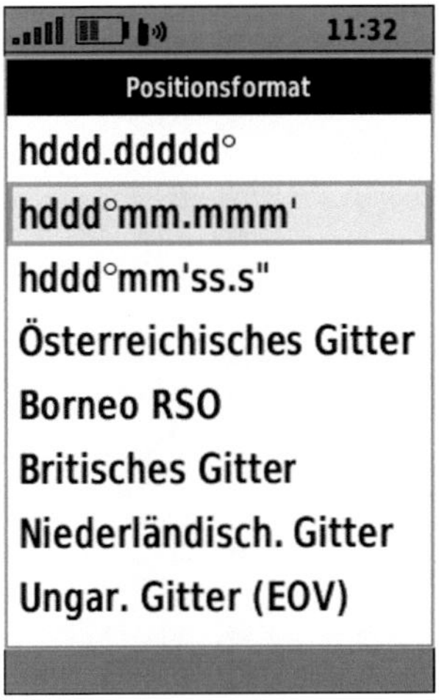

Jedoch existieren hierfür eine Vielzahl nationaler Netze/Gitter, wie z.B. das deutsche Gauß-Krüger-Gitter mit dem Kartenbezugssystem „Potsdam" und dem Ellipsoid „Bessel1841", das österreichische Gitter mit dem Bezugssystem „Austria" und „Bessel1841", das schwedische Gitter mit „RT90" usw.

Damit eine weltweite Verständigung möglich ist, arbeiten Rettungsdienste, Polizei, Feuerwehr, Katastrophenschutz, sonstige Hilfsorganisationen sowie die Vermessung selbst mit dem UTM-Koordinatengitter mit dem geodätischen Datum und Bezugspunkt WGS84.

Abbildung 2-11
Verschiedene Positionsformate

WGS84 (World Geodetic Systems 1984) ist die geodätische Grundlage des GPS-Systems, der Vermessung der Erde und ihrer Objekte mit NAVSTAR-Satelliten.

Für die GPS-Navigation wird das Kartenbezugssystem WGS84 und der Kartensphäroid (Ellipsoid) WGS84 verwendet.

Das UTM-Koordinatensystem (Universal Transverse Mercator) wurde 1947 von den Streitkräften der Vereinigten Staaten entwickelt. Im Rahmen der Internationalisierung verdrängt es immer mehr die einzelnen nationalen Koordinatensysteme. So wird wohl eines Tages in den amtlichen deutschen topografischen Karten das Gauß-Krüger-Koordinatensystem vom UTM-Koordinatensystem auf Basis des Bezugsellipsoiden WGS84 ersetzt worden sein.

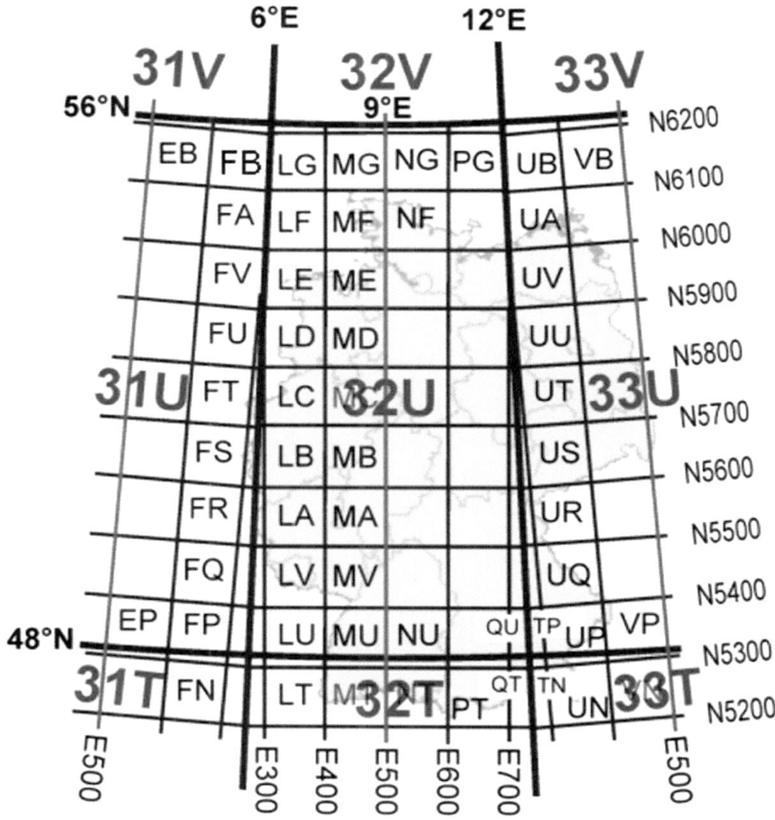

Abbildung 2-12 Quelle: WIKIPEDIA UTM-Zonenfelder, Bsp. Deutschland

Bei der Darstellung der Koordinaten im UTM-Format ist die Benennung planquadratorientiert, z.B. **33 T 0285494, 5291575** .
Diese wird in Metern ausgedrückt. Dieses Format beginnt immer mit einer ein- oder zweistelligen Zahl und dahinter einem Buchstaben, der die UTM-Zone repräsentiert.

Die danach folgende obere bzw. erste Zahlenreihe gibt die Messung für die West-Ost Position innerhalb der Zone in Metern an. Dieser Wert wird also „Rechtswert" genannt (engl."Easting").

Die untere bzw. zweite Zahlenreihe gibt die Messung für die Süd-Nord Position ausgehend vom Äquator in Metern an. Dieses ist der Hochwert (engl."Northing). Um auf der Südhälfte keine negativen Positionsangaben zu erhalten, wird dem Äquator der Wert 10 000 000 Meter zugewiesen.

Merke zur Anordnung der 2 Zahlenreihen im UTM-Format:
„Ran an den Baum, hoch auf den Baum."

Beispiel <u>Positionsformat UTM</u>:

GPSMAP 66 Hauptmenü: Einrichten > Positionsformat > Zeile: Positionsformat > „UTM UPS" (UPS für das in der Region der Erdpole verwendete System). Es sollte ebenfalls automatisch das Kartenbezugssystem und der Kartensphäroid WGS84 erscheinen. Falls nicht, sind diese in den Zeilen darunter unbedingt auszuwählen!

Der Wegpunkt Red Bike, 83131 Nußdorf a.Inn, mit den Koordinaten
33 T 0285494
         5291575
befindet sich im Zonenfeld 33T, 285,494 km in östlicher Richtung und 5.291,575 km in nördlicher Richtung. Die Position kann also mit einer Genauigkeit auf 1m beschrieben werden.

<u>Positionsformat in Grad</u> (auch Breite „Latitude" und
                    Länge „Longitude" = <u>LAT/LON</u> genannt):

GPSMAP 66 Hauptmenü: Einrichten > Positionsformat > Zeile: Positionsformat: „hddd.mm.mmm' " (Grad und Dezimalminuten).

Die Wegpunktkoordinaten für Red Bike in Nußdorf a. Inn lauten nun
N 47°44.511'
E 12°08.313'

Als Darstellungsformat der Koordinaten, können auch diese angewählt werden:
hddd°mm'ss.s" = Grad Minuten Sekunden oder
hddd.ddddd° = nur Grad

➜ Merke: Sobald in den Einstellungen das Kartenbezugssystem und der Kartensphäroid WGS84 eingestellt sind, verläuft die GPS-Navigation mit Garmin-Karten korrekt.

Das Format der Koordinatendarstellung, ob in Metern oder Grad, liegt in Deinem eigenen Ermessen. Ausschlaggebend ist wohl meist die Weiterverarbeitung von Wegpunkten mit diversen GPS-Programmen am Computer, wo Du nun mal eine bestimmte Einstellung bevorzugst oder es der Abgleichung zu der verwendeten Wanderkarte dient. Oft sind sogar 2 Gitterbezeichnungen in den Papierkarten eingedruckt.

Achtung: in Verbindung mit dem in der Wanderkarte verwendeten Koordinatensystem können verschiedene Kartenbezugssysteme verwendet worden sein, wie z.B. RT90, Rome1940, Potsdam, NAD27… Das ist der Legende der Karte zu entnehmen und im GPSMAP 66 dementsprechend einzustellen, wenn man das Gerät auf diese Karte abgleichen möchte. Neuere Karten sowie alle Garmin-Karten verwenden WGS84. ⬅

Nordreferenz / Missweisung (Deklination)

GPSMAP 66 Hauptmenü > Einrichten > Fahrt (Kompass) > „Nordreferenz"

Das sich stetig ändernde Magnetfeld unserer Erde und die daraus entstehende Abweichung zwischen magnetischem und geografischem Nordpol muss beim Kartenlesen beachtet und beim Arbeiten mit dem Kompass an selbigem eingestellt werden. In Papierkarten findet man diese Abweichungsangaben in der Legende. Diese ist unterteilt in die Abweichung des Kartengitters selbst und die des Kompasses.

Arbeitet man mit einer Kombination aus Kompass und GPS, ist man froh für die Abgleichung die Nordrichtung des GPS-Gerätes auf „Magnetisch" (missweisend) setzen zu können. Beim Arbeiten mit einer Kombination aus Papierkarte und GPS wählt man die Option der Nordrichtung „Gitter".
Arbeitet man nur mit dem GPS, muss man sich keinerlei Gedanken um die magnetische Abweichung oder die der Gitternetzlinien machen. Man wählt also im Normalfall den „wahren" Nordbezug.

Round-Trip Routing: Rundkurs-Funktion

Das ist eine tolle Funktion, um aufs Geratewohl und vollkommen **ohne Vorbereitung** durchzustarten und sich schöne Rundtouren zeigen zu lassen. Das GPSMAP 66s benötigt dazu routingfähiges Kartenmaterial, beim GPSMAP 66st ist dieses bereits installiert.

Vorgehen:

1. Kontrolliere zuerst, ob Du das der nun beabsichtigten Aktivität entsprechende Profil verwendest (Mit ⏻ EIN/AUS-Taste Status-seite öffnen, Aktivität wird in der 3. Zeile angezeigt. Zum Ändern: Hauptmenü > Profiländerung) und ob in dessen Routing-Einstellungen alles korrekt ausgewählt ist (Hauptmenü > Einrichten > Routing).
2. Öffne dann mit der FIND-Taste das Zielauswahlmenü und navigiere mit der Wipptaste auf die Kategorie „Round-Trip Routing".
3. Auf der sich öffnenden Seite bestätigst Du die oberste Zeile „Distanz" mit der ENTER-Taste, um festzulegen wie groß die Tour werden soll.
4. Als „Startort" kann die „Aktuelle Position" belassen oder durch bestätigen dieser Menü-Zeile in der Karte gewählt werden.

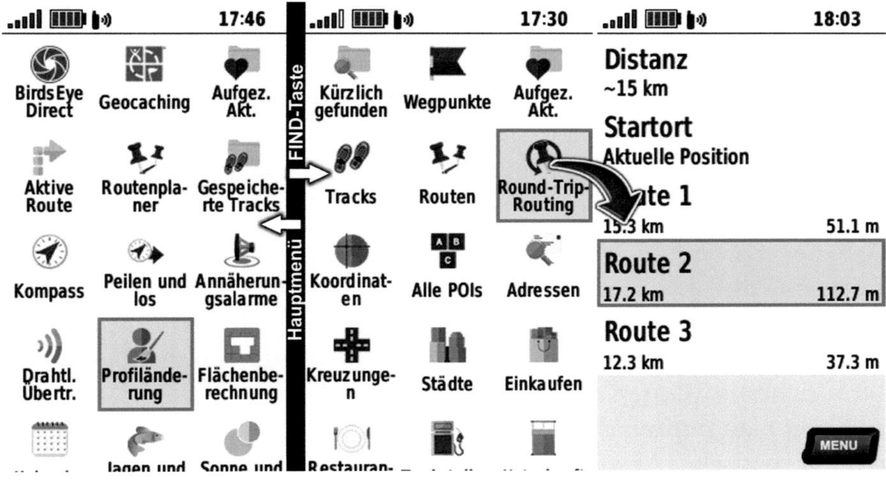

Abbildung 2-13 FIND-Taste: Round-Trip Routing Funktion

5. Der Suchvorgang startet automatisch. Über die MENU-Taste > „Suchen" kann man die Suche jedoch auch jederzeit manuell starten. Das ist z.B. notwendig, wenn Du in ein anderes Aktivitätsprofil wechselst, also z.B. vom Wandern zum Tourenradfahren. Denn die bereits aufgelisteten Routenvorschläge wurden auf Wanderwegen ermittelt und wären so für den Tourenradfahrer überhaupt nicht geeignet.

Es werden nun 3 Routenvorschläge aufgelistet. Jede Route wird mit Gesamtkilometern und -anstiegsmetern angezeigt. Navigiere mit der Wipptaste in eine Zeile der Routenvorschläge und bestätige diesen mit der ENTER-Taste. Somit kannst Du diese Route in der Kartenvorschau betrachten. Verwende die **+** oder **−** Taste, um die Tour optimal sehen zu können.

6. Gefällt Dir dieser Vorschlag nicht, kehre mit der QUIT-Taste zu den Routing-Vorschlägen zurück und wähle einen anderen Routenvorschlag. Wenn es dann das ist, was Du jetzt gehen/fahren möchtest, bestätige die „Los"-Auswahl mit der ENTER-Taste, wodurch das Gerät in die normale Kartenansicht wechselt.

7. Folge nun der vorgeschlagenen Route. Weichst Du unterwegs vom vorgeschlagenen Weg ab, wird die Route angepasst (vorausgesetzt: in den Einstellungen > Routing wurde die Routenneuberechnung > „Automatisch" gewählt).

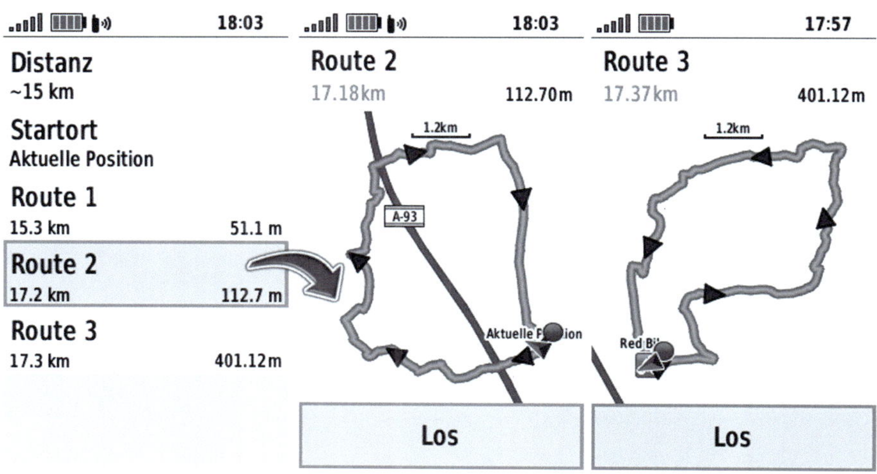

Abbildung 2-14 RoundTrip Routing: Vorgeschlagene Routen ansehen

Eine Route im Gerät planen 

Mit der Garmin-Anwendung „Routenplaner" kann man im GPSMAP 66 eine ganz eigene Route erstellen, dessen Startpunkt eine x-beliebige Position sowie der Routenverlauf auch ein Rundkurs sein kann:

1. Kontrolliere zuerst, ob Du das richtige Profil verwendest bzw. ob in dessen Routing-Einstellungen alles korrekt ausgewählt ist (Hauptmenü>Einrichten>Routing), (Kartenmaterial vorausgesetzt).
2. Wähle dann im Hauptmenü den „Routenplaner".

Bestätige die erste Zeile „ ✚ Route erstellen" mit der ENTER-Tastet und im nachfolgenden Menü „Ersten Punkt wählen". Es öffnet sich die Auswahlliste mit den gespeicherten Wegpunkten und der gesamten POI-Sammlung, aber auch der Möglichkeit die folgenden Punkte selbst in der Karte auszuwählen. Wähle Deinen Startpunkt z.B. aus der Liste Deiner abgespeicherten „Wegpunkte". Bestätige Deine Auswahl mit

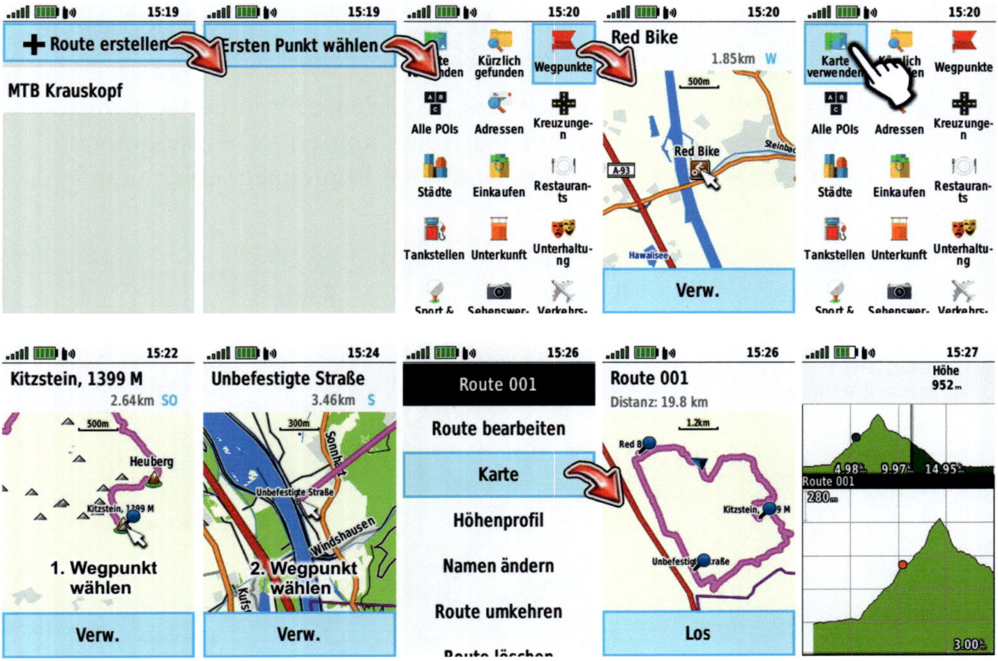

Abbildung 2-15 Routenplaner:
Route mit Punkten aus der Wegpunkte-Liste und der Karte erstellen

„Verw.", wodurch Du in die Liste mit den erstellten Routenpunkten zurückkehrst. Tippe hier nun wieder auf „Nächst. Punkt wählen" und probiere nun doch einmal die links oben angeordnete Option „Karte verwenden" (Abb.2-15, Bild oben re.). Es öffnet sich die Karte, die Du mit der Wipptaste und dem dann erscheinenden weißen Zeigepfeil über den Display-Rand hinaus verschieben kannst. Visiere so das nächste Zwischenziel mit der Pfeilspitze an und bestätige dann die „Verw."-Auswahl durch Druck auf die ENTER-Taste. Nicht wundern, die Karte bleibt geöffnet und man hat den Eindruck, dass nichts passiert ist. Denn die Karte bleibt einfach in diesem Zustand damit Du nun sofort mit dem Zeiger das nächste Zwischenziel in der Karte markieren und auch wieder mit „Verw." bestätigen kannst. Das wiederholst Du so oft, bis eine schöne Runde entstanden ist.

Verlasse dann die Karte mit dem einem QUIT-Tastendruck, wodurch Du in die Liste Deiner ausgewählten Routenpunkte gelangst. Ist irgendein Zwischenziel nicht in der richtigen abzulaufenden/-fahrenden Reihenfolge, öffne die entsprechende Zeile in der Routenliste durch Druck auf die ENTER-Taste und wähle aus der sich öffnenden Auswahl „Nach oben" oder „Nach unten". Mit „Entfernen" können auch einzelne Punkte wieder aus der erstellten Route gelöscht werden. Ist alles korrekt, verlässt Du die Routen-punkte-Liste mit einem QUIT-Tastendruck.

Du gelangst zurück in den Routenplaner, wo Du nun Deine erstellte Route unterhalb der Zeile „ ✚ Route erstellen" mit dem Namen „Route 001" finden wirst. Diese kannst Du nun mit der Wipptaste anwählen und mit Druck auf die ENTER-Taste nachbearbeiten, um z.B. einen aussagekräftigen Namen zu vergeben, die Route in ihrer Richtung umzukehren oder auch im Gesamten zu löschen.

Das Interessanteste wird jedoch sein, die Route in der „Karte" oder dessen „Höhenprofil" zu betrachten (Abb.2-15 unten, 3.-5. Bild v. li.). Hierin können Sie mit der ✚ Taste vergrößern und mittels Wipptaste verschieben, um die genauen Höhendaten auf dieser Route zu erfahren (Abb.2-15 unten, letztes Bild).

Stellst Du anhand der Kartenansicht fest, dass die Route einen unmögliche Wegverlauf zeigt, kannst Du mit „Route bearbeiten" einen weiteren Zwischenpunkt einfügen, der die Route an Deine Vorstel-lungen anpasst. Mit Bestätigen der „Los"-Auswahl am unteren

Kartenrand startest Du letztendlich die Navigation auf Deiner erstellten Route. Alternativ lassen sich vorbereitete Routen auch im Zielauswahlmenü der FIND-Taste > „Routen" auswählen und mit „Los" starten.

→ Befindest Du Dich noch nicht am Startpunkt der vorbereiteten Route und startest diese trotzdem mit „Los", so wird der Weg dorthin einfach vorangestellt und bildet mit der geplanten Route eine gesamte Route. Anders verhält es sich, wenn Du Dich bereits mitten auf der geplanten Route befindest und rufst diese erst dort mit „Los" zur Navigation auf. Dann kommt es zu Missverständnissen und das GPSMAP 66 schickt Dich zuerst wieder an den Anfangspunkt der Route zurück, um von dort aus die geplante Route mit allen Zwischenzielen in der richtigen Reihenfolge ausführen zu können. Eine vorbereitete Route sollte man also nur dann verwenden, wenn man auch sicher an dessen Startpunkt startet bzw. sicher diesen überschreitet. ←

Tracknavigation: Eigene Wege zum Ziel

= die „Brotkrumenspur" (Track), die man mit einem GPS-Gerät aufgezeichnet hat und ein anderes Mal wieder abfahren/-gehen möchte. Es kann auch eine am PC vorbereitete/gezeichnete Tour sein. Ein Track kann im Gerät nicht verändert werden. Die Navigation mittels Track eignet sich vor allem dann, wenn Start- und Zielpunkt identisch sind. Die Datei muss im GPX-Format vorliegen und ist im GPSMAP 66 an folgenden 2 Orten zu finden:

- im Hauptmenü > „Gespeicherte Tracks" (= Track-Manager). Hier können die im Gerät gespeicherten Tracks in seinen Details, der Karte und Höhenprofil betrachtet sowie in seinen Einstellungen bearbeitet werden;

- im Zielauswahlmenü der FIND-Taste > „Tracks", um diese Tour mit „Los" zur Navigation zu starten;

Abbildung 2-16 FIND-Taste > Tracks > „Los"

Bei der Tracknavigation müssen keine Routingeinstellungen beachtet werden, denn Du selbst musst darauf achten, dass der eigene Positions-pfeil auf der Tracklinie bleibt. Es erscheinen keine Abbiegehinweise!

Bewegst Du Dich von der Linie weg, rückt die Linie aus dem Display (da sich der eigene Positionspfeil immer in der unteren Display-Mitte befindet). Der Track wird jedoch auf keinen Fall durch eine Neuberechnung verändert und bleibt immer so wie man ihn am PC erstellt oder mit einem GPS-Gerät aufgezeichnet hat. Eine Kartenhinterlegung wäre hierzu nicht notwendig, erleichtert die Entscheidung an Weggabelungen jedoch ungemein.

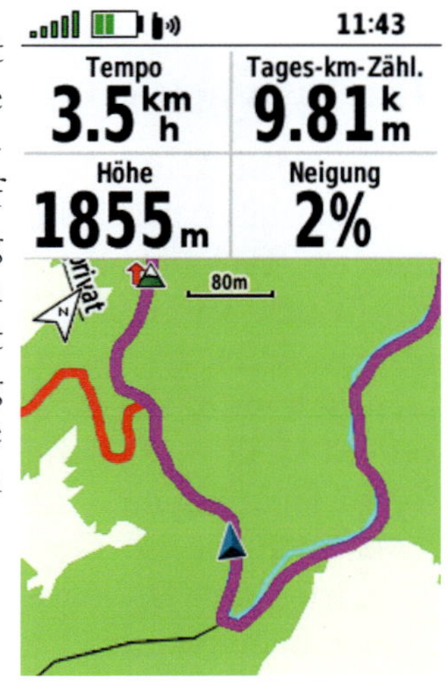

Abbildung 2-17 Kartenansicht
mit verschiedenfarbigen Tracklinien

Es können mehrerer Tracks in unterschiedlichen Farben zusätzlich zu dem mit „Los" gestarteten Track (der Magenta-farben hinterlegt wird) optionale Wege (hier Rot) angezeigt werden. Die Türkis-farbige Linie markiert Deinen tatsächlich zurückgelegten Weg, wird jedoch oft von der Magenta-farbigen Track-Navigationslinie verdeckt.

Zusätzlich werden auf dieser Linie die <u>tiefsten und höchsten Punkte</u> markiert. Das ist sehr hilfreich, um zu sehen wie lange noch der quälende Anstieg dauert.

Navigation anhand von eigenen Aufzeichnungen

Um eine eigene Aufzeichnung (Track) zur Navigation zu nutzen, drückst Du die FIND-Taste > „Aufgez.Akt."> wählst den Tag, an dem Du diese Tour gegangen/gefahren bist > und bestätigst die „Los"-Auswahl mit der ENTER-Taste.

Das GPSMAP 66 wechselt sofort in die normale Kartenansicht, in der die soeben gestartete Tour als Magenta-farbige Linie angezeigt wird. Vergrößere Dir die Kartendarstellung mit der + Taste auf einen Darstellungsmaßstab von z.B. 80 oder 120 m, damit Du den Weg in der Karte gut erkennen kannst.

Navigation anhand von fertigen Touren

Natürlich ist es wohl meistens eine Tour die man noch nicht kennt, die man mit Hilfe des GPSMAP 66 gezeigt bekommen möchte.

Im Internet kursieren dafür inzwischen unzählige von anderen bereits aufgezeichnete Touren zum kostenlosen (manchmal auch kostenpflichtigen) Download.

Bei einigen Tourenportalen hat man oftmals auch die Möglichkeit, den Track direkt an das GPS-Gerät zu senden. Sinnvoller und sicherer ist es jedoch, zuerst alle Downloads aus dem Internet auf dem eigenen Rechner abzuspeichern. So behält man einen besseren Überblick und sollte sowieso erst einmal den heruntergeladenen Track am PC in einer GPS-Karte ansehen, bevor man diesen an das Gerät sendet. So kann man z.B. noch vorhandene Verfahrwege herauslöschen oder möchte evtl. kleine Verbesserung ergänzen.

Ist der Track schließlich so wie er sein soll, speicherst Du ihn wieder als GPX-Datei auf Deinem PC ab und kopierst ihn in den GPS-Gerätespeicher wie folgt:

Track vom PC zum GPS-Gerät senden (ohne GPS-Software)

Man muss keineswegs eine GPS-Software (wie z.B. BaseCamp) verwenden, um GPS-Daten in das GPSMAP 66 laden zu können. Denn Tracks, Wegpunkte und sonstige Dateien kann man auch mit der ganz normalen Drag- & Drop-Kopierfunktion von der Computerfestplatte in den GPSMAP 66-Gerätespeicher kopieren.

Schließe das GPSMAP 66 im ausgeschalteten Zustand per USB-Kabel an den PC an und warte bis dieses „externe Laufwerk" automatisch erkannt wird.

Es sollte sich der Windows-Explorer mit diesem erkannten Laufwerk „Garmin GPSMAP… (K:)" automatisch öffnen. (Der Laufwerksbuchstabe kann bei Dir ein anderer sein.) Wenn Du den Eindruck hast, dass Dein PC gar nicht reagiert, kannst Du das Laufwerk auch manuell über „Start" > "Arbeitsplatz" bzw. „Dieser PC" durch einen linken Doppel-Mausklick öffnen. Befindet sich eine microSD-Karte im Gerät bekommst Du hier ein weiteres Laufwerk angezeigt, wie z.B. „USB-Laufwerk".

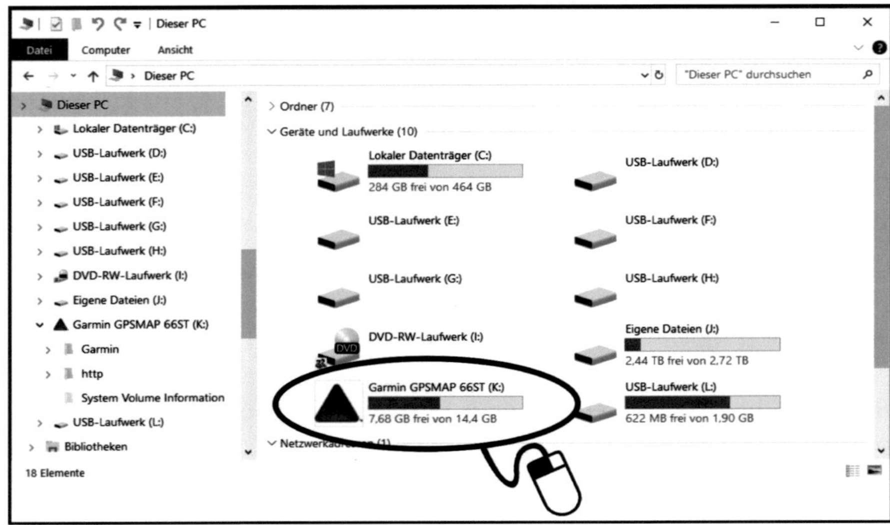

Abbildung 2-18 Per Windows-Explorer: PC Arbeitsplatz

Datenübertragung – So geht´s: Klicke in der linken Ordnerliste auf den Namen des Ordners, in welchem Du den gespeicherten Track auf Deiner PC-Festplatte abgelegt hast. Es erscheint im rechten Fensterteil der gesamte Inhalt des links angeklickten Ordners. Du solltest nun also rechts die gespeicherte Track-Datei sehen, die den Track beinhaltet den

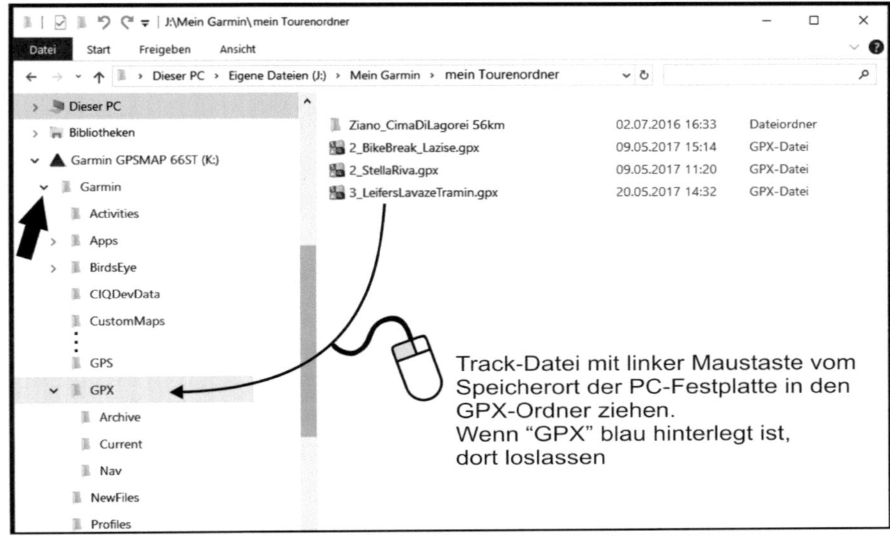

Abbildung 2-19   Track als GPX-Datei in GPX-Ordner des Gerätespeichers kopieren

Du zum GPSMAP senden möchtest.

In der linken Ordnerliste scrollst Du nun bitte bis zum Arbeitsplatz „Garmin GPSMAP…" und klickst mit der linken Maustaste auf das kleine Dreieck **vor** dem Gerätenamen und dann noch einmal auf das Dreieck **vor** dessen „Garmin"-Ordner, so dass Du den für uns wichtigen „GPX"-Ordner sehen kannst.

Klicke nun im rechten Fensterteil den Track (die GPX-Datei) mit der linken Maustaste an, halte während der gesamten Aktion zusätzlich die „STRG"-Taste gedrückt (Kopieren-Funktion), ziehe mit gehaltener Maustaste den Track in die linke Spalte genau auf den „GPX"-Ordner, so dass die Zeile farbig hinterlegt ist, und lass genau an dieser Stelle los, die „STRG"-Taste auch. (Dieselbe Aktion erzielst Du natürlich auch mit der Kopieren- und Einfügen-Funktion aus dem Kontextmenü des rechten Mausklicks auf die Datei.) Fertig!

Zur Überprüfung klicke nun in der linken Liste auf die Bezeichnung „GPX", dessen Ordner-Inhalt im rechten Fenster angezeigt wird. Nun solltest Du dort die kopierte GPX-Datei finden.

Genauso können auch GPX-Dateien auf einer leeren microSD-Karte abgelegt werden, die Du im GPSMAP platziert hast. Dazu benötigt die noch leere Speicherkarte allerdings dieselbe Ordnerstruktur wie die des GPSMAP-Gerätespeichers. Das genaue Vorgehen wird im Kapitel 3/ „MicroSD-Karte einrichten" beschrieben.

→ Der Name der übertragenen GPX-Datei hat nichts mit dem Namen des Tracks zu tun, der im GPSMAP im „Tracks" bzw. „Gespeicherte Tracks"-Ordner angezeigt wird. Denn dort ist der Name des Tracks zu finden, der beim Erstellen oder Bearbeiten in der Kartensoftware am PC vergeben wurde. Es können sich auch mehrere Objekte (z.B. Tracks und Wegpunkte) in einer GPX-Datei befinden. Kontrolliere jedoch immer, ob im GPS-Gerät alles angekommen ist. ←

Der für Tourenmaterial zur Verfügung stehende Trackspeicherplatz verkraftet 250 Tracks. Das wäre ausreichend, um den Gerätespeicher richtig zuzumüllen. Um jedoch die eigene Übersicht zu wahren, ist es natürlich von Vorteil hier immer nur das im Speicher zu behalten, was wirklich noch benötigt wird.

Entferne nun die Hardware sicher vom Computer über die Entfernen-Funktion in Windows (rechts unten in der Taskleiste). Steckt eine micro SD-Karte im Gerät, muss dieses Laufwerk ebenso entfernt werden.

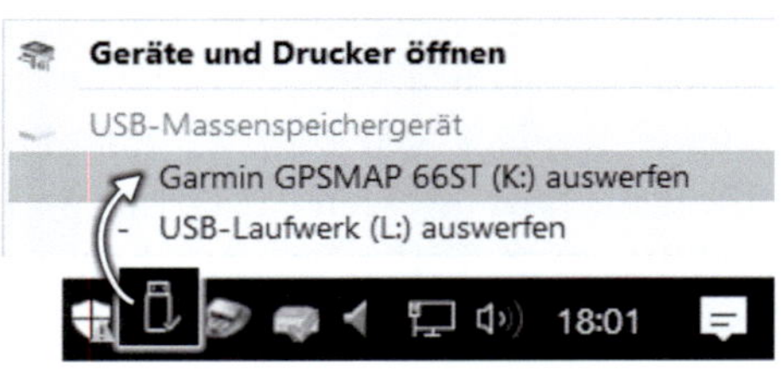

Löse dann das GPSMAP 66 vom USB-Kabel und schalte es ein.

Track sichtbar schalten

Der Track befindet sich nun im GPSMAP-Gerätespeicher, wird allerdings im Display in der Kartenansicht noch nicht angezeigt. Denn man darf selbst entscheiden, welche Tracks in der Karte dauerhaft sichtbar sind und in welcher Farbe (Hauptmenü > „Gespeicherte Tracks" – in der Vergangenheit als „Track-Manager" bekannt).

Das hat nichts mit der Kategorie zu tun, die man bei Tourstart mit der FIND-Taste öffnen würde. Das sichtbar-Schalten nimmst Du am besten gleich noch zu Hause am PC vor, um so auch zu überprüfen, ob der/die übertragenen Tracks und Wegpunkte im Gerät korrekt angekommen sind.

Diese „Anzeigepflicht" für den Track muss nur 1x ausgeführt werden und bleibt nach weiteren Gerätestarts bestehen. Hat man zusätzliche, optionale Tracks ausgearbeitet (weil man noch nicht sicher ist, ob die Tour so zu schaffen ist und man evtl. abkürzen möchte), wählt man diese in einer anderen Linienfarbe als den Haupt-Track und kann unterwegs am Display sofort erkennen wo der optionale Track abzweigt.

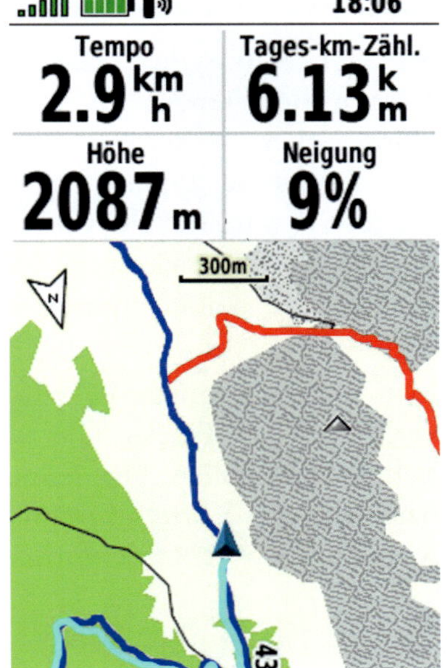

Abbildung 2-21
Kartenseite:
Haupt-Track = blaue Linie,
Optionaler Track = rote Linie,
Aktuelle Aufzeichnung= Türkis

Vorgehen am GPSMAP 66s/st: Hauptmenü > „Gespeicherte Tracks"
(Track-Manager) > den gewünschten Track wählen, bei Anblick der
erscheinenden ⓘ Trackdetail-Infoseite die MENU-Taste drücken und
die 4.Zeile mit der ENTER-Taste bestätigen:

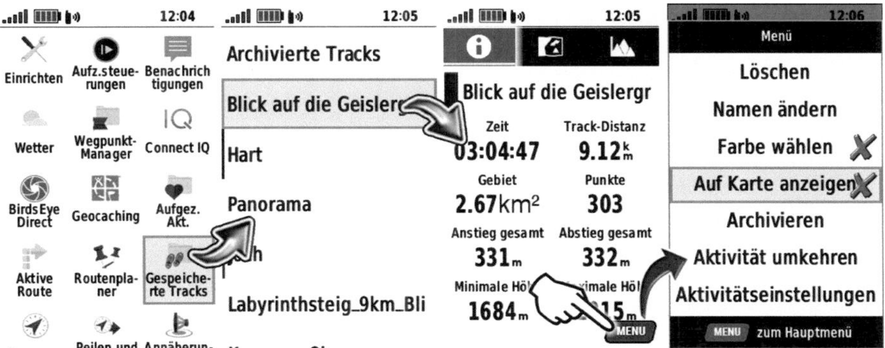

Abbildung 2-22 Track-Eigenschaften

- Durch diese Auswahl „**Auf Karte anzeigen**" schließt sich das
  Menü und die Tracklinie wurde im selben Augenblick in der Karte
  sichtbar geschaltet. Drücke zur Überprüfung bitte noch einmal die
  MENU-Taste, so wirst Du feststellen, dass in der 4.Zeile nun die
  Auswahl „Nicht anzeigen" zu sehen ist, mit der Du die Tracklinie
  nun wieder ausblenden könntest.

- Mit der Auswahl in der 3. Zeile bei „**Farbe wählen**" bestimmst Du,
  in welcher Farbe diese Tracklinie in der Karte angezeigt werden soll.
  Dunkle Farben eignen sich meistens am besten. (Die beim Erstellen
  des Tracks in der Kartensoftware „BaseCamp" am PC gewählte
  Farbe wird übernommen und ist bereits voreingestellt.)

Hier im Optionsmenü zum Track könntest Du den Track in seiner
Richtung auch umkehren oder löschen.

Tourstart-Track

So wirst Du nun am Ausgangspunkt Deiner geplanten Tour das GPS-Gerät einschalten, mit PAGE oder QUIT zur Kartenseite blättern und sofort die Linie Deines Tourenverlaufs am Bildschirm sehen. Du bräuchtest also gar keine Navigation zu starten. Das Gerät zeigt stillschweigend die geplante Tour (Linie) in der Farbe Deiner Wahl an, hält sich aus jeglicher Wegberechnung heraus, blendet aber auch keine Abbiegehinweise ein. Du alleine musst stets darauf achten, ob Du Dich noch auf der geplanten Linie bewegst. Zoome dazu mit der **+** Taste so weit in die Karten-Ansicht hinein, dass Du alle Wege im Verhältnis zu Deiner Bewegungsgeschwindigkeit gut im Blickfeld hast. So wird sich vermutlich einen Darstellungsmaßstab zwischen 50 und 120 Metern anbieten.

Auf diese Weise hat man allerdings den Nachteil, dass man gar keine Information zu den Dingen die noch bevorstehen erhält, z.B. wie weit es noch bis zum Ziel ist oder welches Höhenprofil mich noch erwartet. In dem Fall kommt die „Los"-Navigation ins Spiel. Um nämlich auf der „Höhenmesser"-Seite das bevorstehende Profil in blau sehen zu können, muss der Track mit „Los" gestartet werden (FIND-Taste > Tracks) – theoretisch so wie beim Routing zu einem Zielpunkt. Bei der Navigation auf einem Track passiert jedoch nicht mehr, als dass die eingestellte Wunschfarbe des Tracks durch die Magenta-farbige Routinglinie ersetzt wird. Alle anderen „sichtbar" geschalteten Tracks bleiben weiterhin in den Farben Deiner Wahl nebenher sichtbar. Man genießt nun die in den Bildern dargestellten Vorteile:

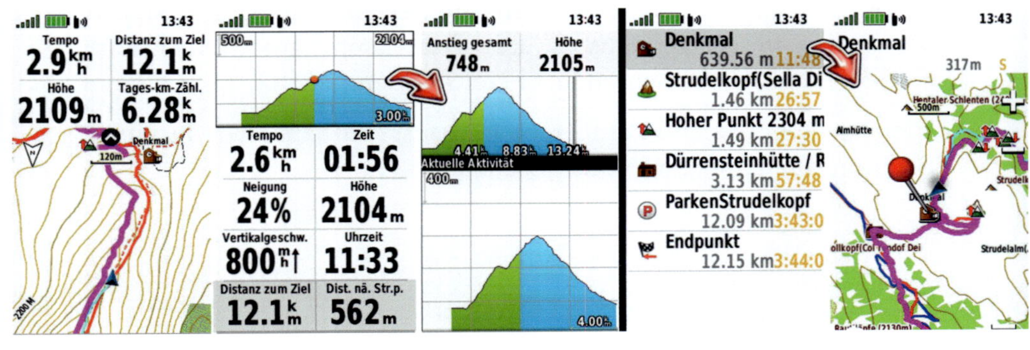

Abbildung 2-23 Track mit „Los" starten

Karte mit Angabe "Hoher Punkt"	Reisecomputer mit Höhenprofil	Höhenprofil-Ansicht	Aktive Routen-Ansicht	Wegpunkt i.d. Vorschau

Nun ist es sinnvoll, sich im Reisecomputer oder in der Karte Datenfelder zum Thema Navigation einzurichten, wie z.B. „Distanz zum Ziel", „Ankunftszeit", „Distanz bis nächster Streckenpunkt", „Zeit bis nächster **W**eg**P**unkt" (= nächste Abbiegung). Denn der mit „Los" gestartete Track und Deine aktuelle Position können nun vom GPSMAP 66 kontinuierlich berechnet werden und liefern Werte zur noch bevorstehenden Anstrengung.

In der Karte werden auch die Gipfel- und Talpunkte als kleines Berg-Symbol mit Pfeil nach oben oder unten angezeigt. Auf Fahrradtouren, wo man öfters bergauf und bergab fährt, ist das eine gute moralische Unterstützung um bis zum nächsten Gipfel durchzuhalten. Wer möchte kann sich auf der Reisecomputer-Seite das Höhenprofil anzeigen lassen, um nicht ständig auf die Höhenmesser-Seite umblättern zu müssen (MENU-Taste > Anzeige ändern > „Höhenmesser").

Verwende die „Aktive Route"-Anwendung (erreichbar im Hauptmenü, oder zur Seitenfolge der Hauptseiten hinzufügen), um sich die Liste der bevorstehenden Höchst- und Niedrigst-Punkte anzeigen zu lassen (4.Bild v.li.). In dieser Liste sind auch die auf dem Track erkannten Wegpunkte mit Entfernung und Ankunftszeit aufgeführt. In dieser Liste können beliebige Punkte angewählt werden, um sich diese in der Karte zeigen zu lassen (5.Bild v.li.: am oberen Kartenrand wird dann allerdings die Entfernungs- und Richtungsangabe per Luftlinie angezeigt).

Tourenauswahl unterwegs per Handy/Tablet-PC

In vielen Situationen unseres heutigen Lebens ist es ja nun so, dass man jetzt sofort die Möglichkeit hat etwas zu unternehmen. Doch wohin? Und Zeit lange nach einer Tour zu suchen und vom PC in das GPSMAP zu laden ist jetzt nicht – „Nach dem Frühstück wollen wir einfach los". (Die Auswahl mit der Round-Trip Routing Funktion gefällt uns heute auch nicht.)

Ich möchte Dir nun einige Möglichkeiten zeigen unterwegs und ganz spontan mittels einem Internet-fähigen Handy oder Tablet online auf Touren zuzugreifen:

wikiloc

Wikiloc ist ein Portal, wo jeder seine aufgezeichneten Outdoor-Touren veröffentlichen kann, damit sie sich ein anderer herunterladen und ganz ohne Planungsaufwand nachgehen/-fahren kann.

Öffne Deinen App-Store, gib in der Suchleiste „wikiloc" ein und installiere diese App. Lege Dir ein Konto an, logge Dich ein und suche Dir eine erste Tour aus, die Du dann auf Deinem GPSMAP 66 für die Navigation verwenden möchtest. Für den ersten Testmonat ist diese Funktion kostenfrei. Denn das Übertragen zum Garmin-Gerät gehört bereits zum Umfang der kostenpflichtigen Premiumversion (ab 0,83 €/Monat). Die wikiloc-Anwendung, die das Empfangen des soeben in der App am Handy gesendeten Tracks ermöglicht, ist bereits auf Deinem GPSMAP 66 vorinstalliert. Du findest sie im Hauptmenü > Connect IQ > Wikiloc. Bestätige diese Auswahlzeile

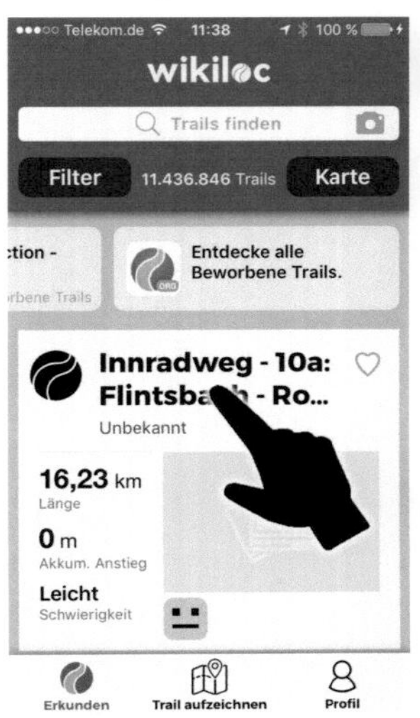

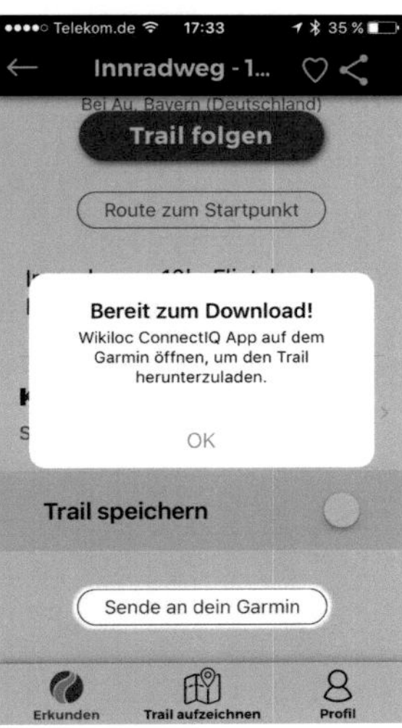

Abbildung 2-24
wikiloc-App am Handy: Tour aussuchen und zum GPSMAP 66 senden

mit der ENTER-Taste und folge den Anweisungen am Display. Letztendlich erscheint die Meldung „…erfolgreich übertragen" und Du wirst gefragt, ob Du diese Tour nun sofort starten möchtest. Wenn nicht, dann bestätigst Du die Auswahl „abbrechen". Damit wird der Track im „Gespeicherte Tracks"-Ordner abgelegt und Du kannst diesen auch später jederzeit noch aufrufen.

Dieses Portal ist am PC mit der Browseradresse
https://de.wikiloc.com/
zu erreichen. Hier kannst Du Dich vielleicht besser einlesen und Dir ein kostenloses Konto erstellen, als am kleinen Handybildschirm.

Komoot Mit der Outdoor-App der Komoot GmbH kann man sich unterwegs per Handy Touren vorschlagen lassen und nach Herzens-lust mit beliebigen Zwischenzielen ergänzen oder auch Touren selbst erstellen. Dass diese Dienstleistung nicht kostenfrei ist, kann man sich da schon fast denken. Hier wird entweder regional abgerechnet (man lässt sich einzelne Regionen freischalten/ 3,99 €) oder man erwirbt die weltweite Planungsfreiheit für einmalig 29,99 €.

Die Komoot-App gibt es einmal für das Smartphone/Tablet, um mit diesem Gerät zu navigieren, und es gibt sie auch als Connect IQ-App, um sie am Garmin-Gerät zu installieren und alle am Handy geplanten Touren in das GPSMAP 66 zu laden und mit diesem zu navigieren.

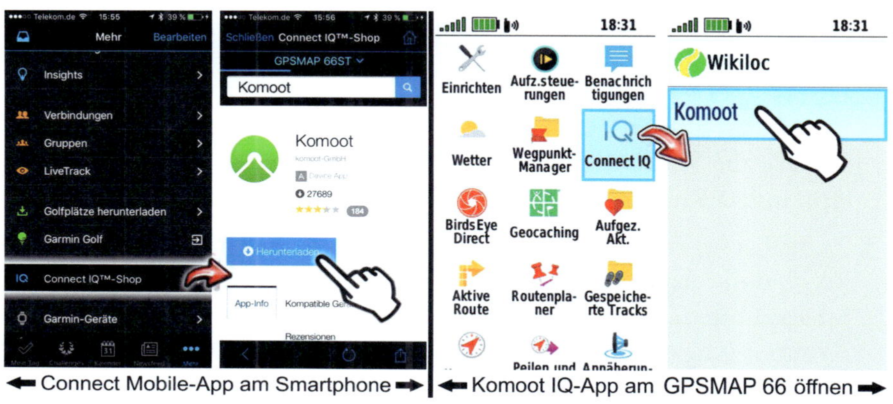

Abbildung 2-25 Die Komoot IQ-App im GPSMAP 66 installieren

Genauso kannst Du auch am heimischen PC mit der Internet-Adresse www.komoot.de auf dieses Portal zugreifen und hier in aller Ruhe Touren vorbereiten.

Vorgehen:

1. Installiere die Connect IQ-App „Komoot" auf Deinem GPSMAP 66: Öffne dazu die Connect Mobile-App an Deinem Handy oder Tablet-PC, wähle in der Menü-Liste „Connect IQ-Shop" und schreibe „komoot" in das Suchen-Eingabefeld. Tippe auf das Feld mit dem im 2.Bild v.li. abgebildeten Komoot-Logo und wähle dann „Herunterladen". Wähle bei der Frage „Außerhalb von Garmin Connect öffnen?" – „Abbrechen" und dann noch einmal „Herunterladen". Kehre dann auf die Tagesübersichtsseite der Connect Mobile-App zurück, wodurch die Synchronisation startet und die IQ-App am GPSMAP 66 installiert wird. Die „Komoot" IQ-App findest Du dann im GPSMAP Hauptmenü > „Connect IQ".

2. Daraufhin erscheint an Deinem Handy die Aufforderung, Dich bei Komoot anzumelden. Erstelle ein Komoot-Benutzerkonto, welches dann auch mit Deinem Garmin Connect Benutzerkonto und Deinem GPSMAP 66 verknüpft wird. Dadurch werden aber auch Deine Tour-Aufzeichnungen aus dem GPS-Gerät in Dein Komoot-Konto übertragen.

   Möchtest Du Komoot dann irgendwann nicht mehr nutzen, kannst Du diese Verbindung in den Einstellungen Deines Komoot-Kontos > „Verbundene Accounts" wieder auflösen. Durch das Öffnen der „Komoot" IQ-App am GPSMAP 66 werden Dir alle die Strecken aufgelistet, Die Du am Handy in der Komoot-App in der Rubrik „Geplante Touren" sehen kannst.

3. Zum Planen von Touren musst Du also die „Komoot"-App, die für iOS- und Android-Geräte verfügbar ist, ebenfalls an Deinem Smartphone oder Tablet-PC installieren und Dich mit Deinem Komoot-Zugang einloggen.

4. <u>Die Möglichkeiten in der Komoot-App am Handy</u>:

A) Tippe am unteren Bildschirmrand auf „**Entdecken**", wenn Du eine fertige von anderen Nutzern aufgezeichnete Tour verwenden möchtest.

Abbildung 2-26
In der Komoot-App am Handy
nach fertigen Touren suchen

Hier kannst Du Deine Bewegungsart und die Länge der Tour angeben, nach der gesucht werden soll. Hast Du hier eine Tour gefunden, tippst Du auf den Tour-Namen, so dass Du zu den Tour-Details gelangst und wählst hier „Sichern". So wandert die ausgewählte Tour in die Rubrik „Geplant" Deines Komoot-Kontos.

B) Tippe am unteren Bildschirmrand der Komoot-App auf „**Planen**", um eine ganz eigene Tour zu kreieren. Verwende den erscheinenden Button „Neue Tour planen" und wähle auf der nächsten Seite die Art der Fortbewegung (z.B. MTB), Dein Fitnesslevel und ob Deine Planung selbstständig mit einem Rückweg zum Startpunkt ergänzt werden soll. Gib den Startort (Aktuelle Position) ein und tippe letztendlich in das Feld „Wo soll´s hingehen?" Interessant ist auf der erscheinenden Auswahlseite die Möglichkeit „Auf Karte wählen" und vergrößere Dir die sich öffnende Kartendarstellung. Hier werden Dir etliche interessante und für Deine ausgewählte Bewegungsform sinnvolle Ziele oder Wegabschnitte mit Symbolen angezeigt. Nun brauchst Du nur auf

Abbildung 2-27 Komoot-App am Handy: Die eigene Tour mit 2 bestimmten Zwischenzielen planen

das gewünschte Symbol tippen und kannst in der daraufhin erscheinenden Option wählen „Als Ziel verwenden". Füge Schritt für Schritt weitere Ziele der Tour hinzu: Tippe dazu auf „Wegpunkt hinzufügen" > „Auf Karte wählen" und wähle dann die Option „Zur Tour hinzufügen"… usw. Unterhalb der Karte werden Dir die ungefähre Fahrtzeit, Distanz und Höhenmeter angezeigt.

Hast Du am Ende eine schöne Runde entworfen, tippe auf „Sichern" (Abb. oben, 4.Bild v.il.) und gib der Tour einen wiedererkennbaren Namen. Danach werden Dir sehr wissenswerte Infos zur geplanten Tour angezeigt. Darin erfährst Du zuerst einmal eine Einschätzung zur konditionellen und fahrtechnischen Schwierigkeit, siehst die Fotos Deiner hinzugefügten Punkte oder Streckenabschnitte und kannst weiter unten in den Details die genaue Wegbe-

   Abbildung 2-28 Tour-Details

schaffenheit erkennen, z.B. 11km Singletrail, 3,42 km Nebenstraßen…
etc.

Nachbearbeiten: Sollte die Fahrtrichtung nicht korrekt sein, so öffnest Du über die „…" Menüpunkte oberhalb der Karte die Option „Tour bearbeiten". Hier kannst Du in der Wegpunktliste durch langes Berühren des ≡ Buttons die Wegpunkte in Ihrer Reihenfolge so vertauschen, dass die Richtung eben genau umgekehrt verläuft.

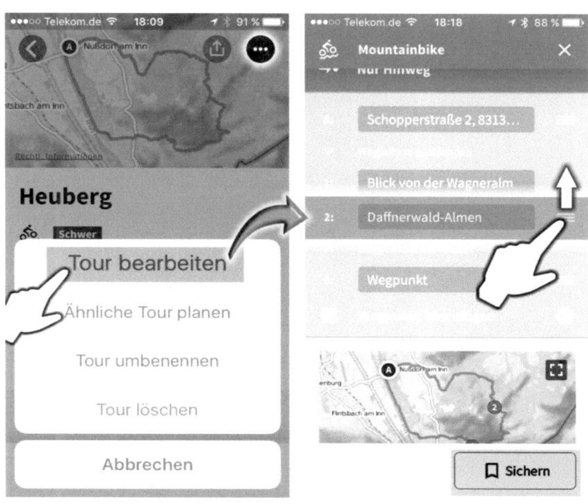

Abbildung 2-29
Komoot-App: Geplante Tour nachbearbeiten

Oder mit „+Wegpunkt hinzufügen" > „Auf Karte wählen" kannst Du auch einen Streckenabschnitt verändern, bei dem Du erkannt hast, dass der automatisch gewählte Abschnitt schlecht fahrbar ist. Setze dazu einen weiteren Wegpunkt auf den Weg, der Dir besser erscheint und die Route passt sich Deinem Wunsch an.

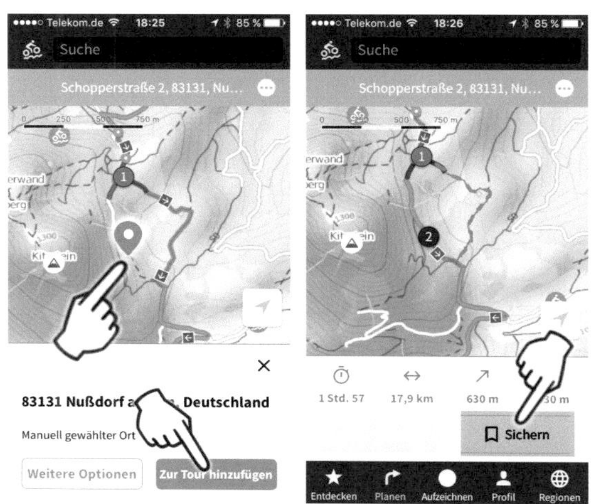

Abbildung 2-30 Streckenabschnitte umleiten

…und wählst am Ende wieder „Sichern".

Detailinfos: Tippe auf das Höhenprofil, wenn Du Dir bestimmte Punkte im Höhenprofil und zugleich in der Karte genauer ansehen möchtest. Du kannst das Höhenprofil mit 2 Fingern auseinanderziehen und somit die Fahrdaten für den ausgewählten Abschnitt zeigen lassen. Mit „…" direkt über dem Höhenprofil steht Dir die Auswahl bereit, entweder die Infos zum ausgewählten Streckenabschnitt oder dem im Höhenprofil markierten Punkt anzeigen zu lassen, wodurch Du z.B. die oft gewünschte Neigung eines Punktes erfährst.

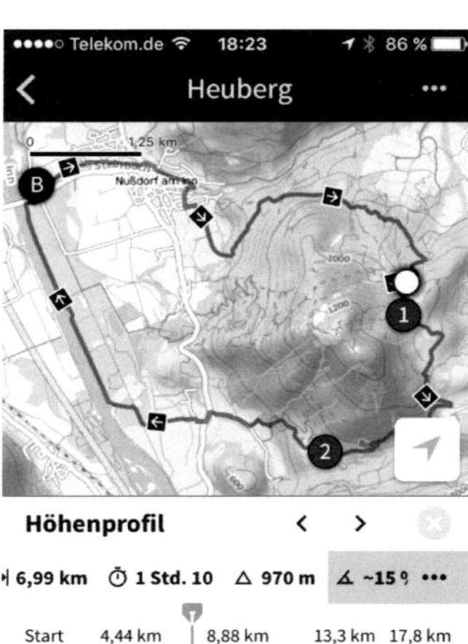

Abbildung 2-31

➔ In der Web-Anwendung am PC (www.komoot.de) stehen Dir noch weitere und wesentlich detailliertere Infos sowie Planungsmöglichkeiten zur Verfügung. ←

Deine „gesicherte" Planung liegt nun in Deinem Komoot Benutzerkonto als geplante Tour bereit und ist an Deinem GPSMAP 66 im Hauptmenü, in der „IQ Connect"-Kategorie > „Komoot" sofort sichtbar (wenn Bluetooth zum Handy aktiv). Nun brauchst Du nur noch „Herunterladen" bestätigen, damit diese Tour von Deinem Smart-phone in das GPSMAP 66 geladen wird. Durch nochmaliges Bestätigen kannst Du dann diese Tour direkt im GPSMAP 66 zur Navigation starten und das Handy wegpacken.

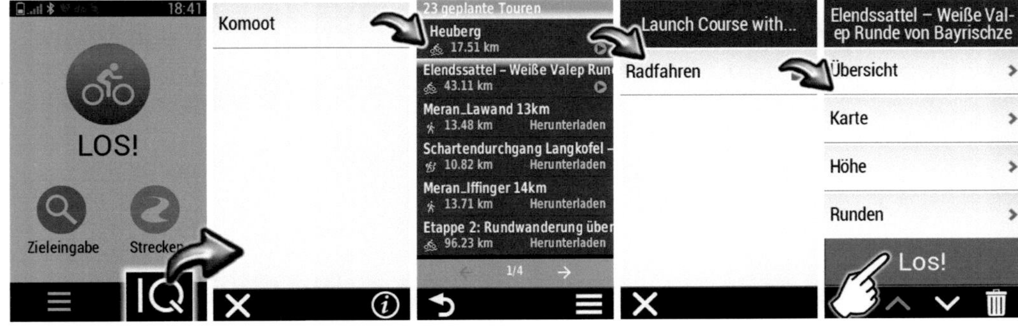

 Abbildung 2-32 Eine Tour in der Komoot IQ-App am GPSMAP 66 starten

Wenn Du nun nicht gerade noch weitere Handyfunktionen nutzt, wie z.B. das LiveTracking oder die Notruf-Funktion, können wir auf die Handy-Verbindung auch komplett verzichten, denn das GPSMAP 66 arbeitet nun selbstständig.

Garmin Explore-App

Mit dieser App am Handy kannst Du zusätzliches Kartenmaterial im Offline-Modus verwenden, welches Du Dir zuvor aufs Handy geladen hast, weil Dir die Karte im GPS-Gerät nicht weiterhilft oder von dem Bereich gar nicht vorhanden ist. In der Karte in der Explore-App am Handy kannst Du dann Wegpunkte und Routen erstellen und zum GPSMAP 66 zu übertragen.

Diese App kannst Du nur durch die „Freischaltung" mit Deinem GPSMAP 66 und/ oder einigen anderen Garmin Outdoor-Geräten oder -Uhren kostenlos verwenden.

Um Kartenmaterial herunter- zuladen, wählst du zuerst den „Karte"-Button am unteren

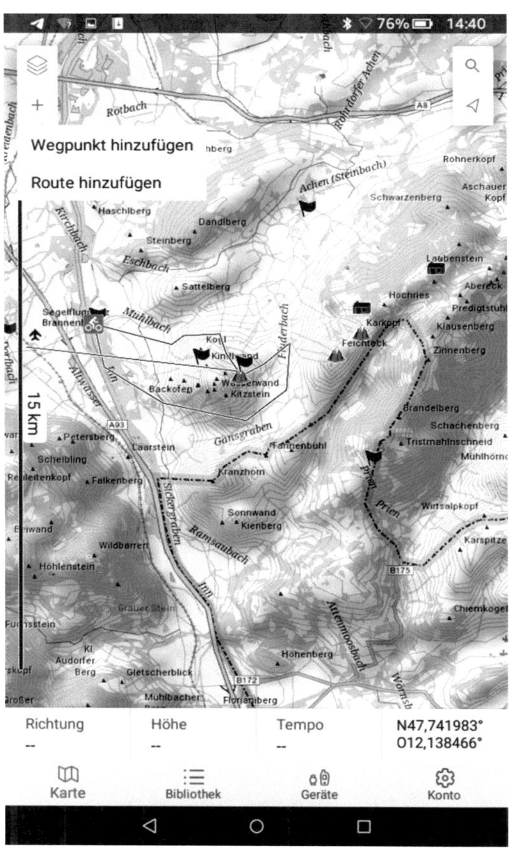

Abbildung 2-33   Garmin Explore-App

ren Rand und tippst dort links oben auf die ⊗ Karteneinstellungen > Karte > Karten herunterladen. Wähle dann die Region und tippe letztendlich auf das Downloadzeichen bei den Kartenteilen, die nun auf Dein Smartphone geladen werden sollen.

Danach kannst Du über den **+** Button Wegpunkte und Routen (per Luftlinien) erstellen. Über den „Bibliothek"-Button am unteren Bildschirmrand kannst Du dann alle Deine GPS-Elemente aus der App und dem GPSMAP 66 verwalten/organisieren und in geringem Umfang nachbearbeiten (Namen ändern).

Unter dem Begriff „Routen" findest Du hier das, was Du in der App Punkt für Punkt in der Karte erstellt hast. In der Rubrik „Tracks" findest Du Deine im GPSMAP 66 gespeicherten Tracks, die durch die Synchronisation mit Deinem GPSMAP 66 in die App geholt wurden. Deine mit dem GPSMAP 66 aufgezeichneten Aktivitäten erscheinen in der Explore-App in der Rubrik „Aktivitäten".

Vielleicht hilft Dir die Explore-App auch dabei, dass Du Deine Wegpunkte, Routen und Tracks im GPSMAP 66 besser überblicken kannst, als im GPSMAP 66.

Peilen und los

Wer sich im Gelände bewegt, wo vielleicht noch nicht einmal ein Wanderweg in der Karte erfasst ist oder von diesem Bereich gar keine Karte im GPSMAP 66 vorliegen hat, kann sich mit der Funktion „Peilen und los" gut an einem in der Ferne sichtbaren Ziel orientieren und der Navigation anhand von Kompassnadel und Luftlinie folgen. Diese Funktion wird auch gern im Marinebereich dazu genutzt, um Untiefen oder sonstige Hindernisse zu umfahren.

In der Kartenansicht wird der ursprüngliche Kurs (vom Startpunkt zum Ziel) als Magenta-farbige dicke **Kurslinie** angezeigt. Wenn Du nun von dem direkten Kurs abweichen musst, um vielleicht zuerst einmal um einen Berg oder ein anderes Hindernis herumzulaufen oder um einfach nur auf den vorhandenen Wegen zu bleiben, wird eine zusätzliche dünnere, Magenta-farbige Linie sichtbar. Das ist die **Peilungslinie** (Zielrichtung (°)), die stets von Deiner aktuellen Position geradlinig zum Ziel weist.

Abbildung 2-34 Kurs- und Peilungslinie in Karten- sowie Kompass-Ansicht

Nutze für die „Peilen und los"- Funktion am besten die Kompass-nadeleinstellung „Kurs (CDI)" (Kompass-Seite MENU-Taste drücken > Steuerkurs-Einst. > Zielfahrt-Linie). So siehst Du in der Kompass-

Ansicht zum einen Deine ursprüngliche Kursrichtung, dargestellt durch die rote Pfeilspitze und dessen Ende. Zum anderen erkennst Du Deine momentane Abweichung vom Kurs, dargestellt durch den variierenden Mittelsteg des Pfeils. Dieser entfernt sich mit dem Verhältnis Deiner Abweichung vom Kurs aus der Pfeilflucht. Befinden sich also Anfang, Mitte und Ende des Pfeils in einer Flucht, bewegst Du Dich direkt auf Dein angepeiltes Ziel zu.

Hast Du das Ziel verfehlt und bist bereits zu weit gelaufen, dreht sich das blaue Dreieck in der Kompassmitte in die entgegengesetzte Richtung. Dann weißt Du, dass hier etwas nicht stimmt und wirfst mal besser einen Blick auf die Kartenseite, die die Situation grafisch darstellt. Natürlich kann man sich in der Karte auch gleich den Kompass einblenden (MENU-Taste > Karteneinstellungen > Anzeige > „Kompass").

Wählst Du auf der Kompass-Seite die Einstellung der Kompass-Nadel als „Peilung"s-zeiger (MENU-Taste > Steuerkurs-Einst. > Zielfahrt-Linie: z.B. „Peilung mittelgroß"), so zeigt die Kompass-Nadel in die Richtung, in die Du Dich nun von Deiner aktuellen Position aus bewegen müsstest, um auf das Ziel zu treffen, genauso wie der „Zeiger" im linken oberen Datenfeld der Kompassseite.

<u>Vorgehen – ein Ziel anpeilen:</u>
1. Um ein Ziel anzupeilen öffnest Du die Anwendung „Peilen und los" im Hauptmenü oder auf der Kompass-Seite über die MENU-Taste.
2. Zeige mit dem Gerät in die Richtung Deines Ziels und wähle „<u>Richtung sperren</u>".
3. Im erscheinenden Fenster wählst Du dann die Option „<u>Wegpkt.-Projektion</u>".
4. Wähle dann die Einheit, in der Du die geschätzte Entfernung eingeben möchtest und tippe diese ein. Bestätige mit „Fertig".
5. Letztendlich wählst Du „Speichern", damit die Navigation sofort startet. Ganz nach Belieben kannst Du nun mit der Karten- oder Kompass-Ansicht zum Ziel navigieren.

Die „Peilen und los"-Funktion eignet sich aber auch gut dazu, um auf Tour herauszufinden wie die Bergspitzen des umliegenden Panoramas heißen. Dazu muss man lediglich gut Entfernungen schätzen können, um in der Kartenansicht nachzusehen, welche Berggipfel sich am angepeilten Endpunkt oder zumindest an der Peilungslinie befinden. Sollte der Name nicht zu sehen sein, nutze die Wipptaste und ziele mit dem erscheinenden weißen Zeigepfeil auf das Gipfelsymbol. Somit wird die Information am oberen Kartenrand angezeigt.

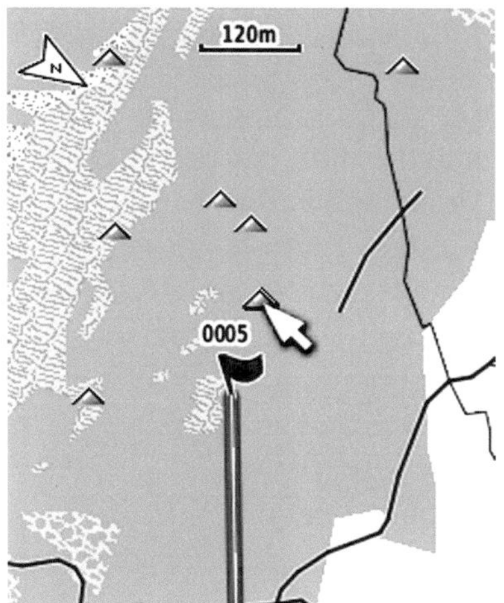

Abbildung 2-35
Umliegende Berggipfel anpeilen, um sich über dessen Namen zu informieren

Geocaching

Die Schnitzeljagd aus unseren Kindertagen hat eine elektronische Neuauflage erfahren - das <u>Geocaching</u>. Dabei suchen nun erwachsene Menschen wie auch Kinder mittels GPS-Gerät nach kleinen Schätzen in jeglicher Umgebung. Die vermeintlichen Schätze haben hierbei eher Symbolcharakter. Zu finden gibt es lediglich eine wetterfeste Schachtel mit Inhalt oder verschlüsselte Rätselaufgaben. Die Faszination kann ganz unterschiedlich sein. Der eine mag beim Wandern mit der Familie von einem kleinen Schatz überrascht werden, wobei es dann „nur" nach der direkten Suche anhand von Koordinaten geht. Während sich andere den ganzen Tag auf die Jagd nach Caches begeben. Diese können nämlich nicht nur dauerhafte Verstecke, sondern auch kurzzeitige, vorübergehende Verstecke sein und daraus ein ganz eigenes Schnelligkeits-Event gestalten. So ist also jeder in der Lage im Gelände Aufgaben an Leute zu verteilen die man gar nicht kennt, raffinierte Rätsel auszulegen, die durch die Kombination von mehreren Verstecken und kniffliger Aufgaben in ihrer Schwierigkeit kaum Grenzen haben. So können z.B. auch Münzen im Versteck platziert werden, die der nächste Finder mitnehmen, im Internet registrieren und in einem nächsten Versteck wieder platzieren soll. Somit kann diese Münze kontrolliert um die Erde wandern.

Das Geocaching schult den Umgang mit dem GPS und das Arbeiten mit Koordinaten das Zahlengedächtnis. Eine tolle Sache, um Tage die wetterbedingt zu keinen großen Unternehmungen taugen, aber auch zu schade sind hobbyfrei herumzulümmeln, trotzdem für einen Spaß im Gelände zu nutzen.

<u>Geocaches in das GPSMAP 66 laden</u>

Sobald das GPSMAP 66 mit Deinem Handy gekoppelt ist, kannst Du über die Internetanbindung des Handys auf das Geocache-Portal „Geocaching.com" zugreifen, und von diesem ganz spontan die Geocaches der Umgebung Deiner aktuellen Position direkt in das GPSMAP 66 laden. (Funktioniert auch über W-LAN Verbindung des heimischen Routers).
Dazu musst Du allerdings zuerst und einmalig Dein GPSMAP 66 bei diesem Portal registrieren. Öffne an Deinem Handy (oder zu Hause am PC) den Internet-Browser und tippe <u>www.geo.co/garmin</u> in die Adresszeile ein. Erstelle dort ein kostenloses Benutzerkonto.

Wähle dann im Hauptmenü die Anwendung „Geocaching". Tippe auf der erscheinenden Seite den Button „Gerät registrieren" an. Kurz darauf erscheint am Display ein Code, den Du auf der oben genannten Website eingibst und die Kopplung durch Bestätigen von „Gerät verbinden" auslöst. Dann kannst Du das Handy in den Rucksack packen (den Du mit Dir führst) und mit dem GPSMAP 66 in der Hand auf Schatzsuche gehen.
Nutze die Wipptaste, um am oberen Bildschirmrand zu dem Symbol der Schatztruhe zu springen. Somit werden Dir die Geocaches der Umgebung aufgelistet. Genauso kannst Du Dir die umliegenden Geocaches aber auch in der ▣ Karte zeigen lassen. Veränderst Du Deine Position oder verschiebst den Kartenausschnitt, musst Du über die MENU-Taste > „Geocaches herunterl." die Liste bzw. Darstellung der umliegenden Geocaches aktualisieren.

Geocaches aus anderen <u>Portalen</u> wie z.B. www.opencaching.de, die diese automatische Übertragung über das Handy zum GPSMAP 66 nicht ermöglichen, können zu Hause am PC per USB-Kabel direkt in den Gerätespeicher des GPS-Gerätes geladen werden. Hier wählt man einen Cache nach dem anderen in der am Computer angezeigten Karte aus und klickt in dessen Beschreibungsdetails auf den Button „An GPS-Gerät senden". Diese Geocaches sind dann mit allen Detail-Infos im nahezu unbegrenzten Umfang im Gerät aufrufbar.

Abbildung 2-37   Geocaching-Anwendung

In der Übersichtsliste der „Geocaching"-Anwendung werden die Infos zum Schwierigkeitsgrad, Geländebeschaffenheit und der Cache-Größe angezeigt. Für weitere Informationen bestätigst Du eine dieser Zeilen und drückst dann die MENU-Taste > „Punkt anzeigen". Somit erscheinen auch die Koordinaten und die Beschreibung des Besitzers sowie die Kommentare von anderen Geocachern, die den Schatz bereits „gehoben" haben.

Erst nachdem Du die Navigation zu dem von Dir ausgewählten Cache durch Bestätigen der „Los"-Auswahl gestartet hast, findest Du im Hauptmenü > „Geocaching" auf der ▶ Registerkarte weitere Funktionen, die Du nutzen kannst. Hier ist z.B. auch die Möglichkeit, nach erfolgreicher Suche Deinen Fund zu „Loggen" – also im Geocaching-Portal als gefunden zu registrieren.

<u>Zu einem Geocache navigieren</u>

Schalte das GPSMAP 66 ein und wähle das „Geocache"-Profil im Hauptmenü > „Profiländerung".

Optional zur Geocache-Anwendung im Hauptmenü kannst Du auch die FIND-Taste drücken und die Ziele-Kategorie „Geocaches" wählen.

Nun entscheidest Du Dich für einen Geocache durch die Auswahl der entsprechenden Zeile oder, falls Du einen Geocache vom Namen her kennst, über die MENU-Taste und der Eingabe des Suchbegriffes (es genügen die ersten Buchstaben, dass der Cache gefunden werden kann). Bestätige die entsprechende Auswahlzeile mit der ENTER-Taste. Es öffnet sich eine Kartenansicht mit dem „Los"-Button am unteren Kartenrand, mit dem Du die Navigation von Deiner aktuellen Position aus startest.

Von Werk aus ist die Navigation als „Luftlinien-Routing" eingestellt, da man sich beim Suchen solcher Verstecke meistens geradewegs durchs Dickicht schlägt. Sollte das für Dich nicht so sinnvoll sein, kann über die FIND-Taste > „Routenaktivität ändern" die Berechnungsart („Aktivität", z.B. „Zu Fuß") umgestellt werden.

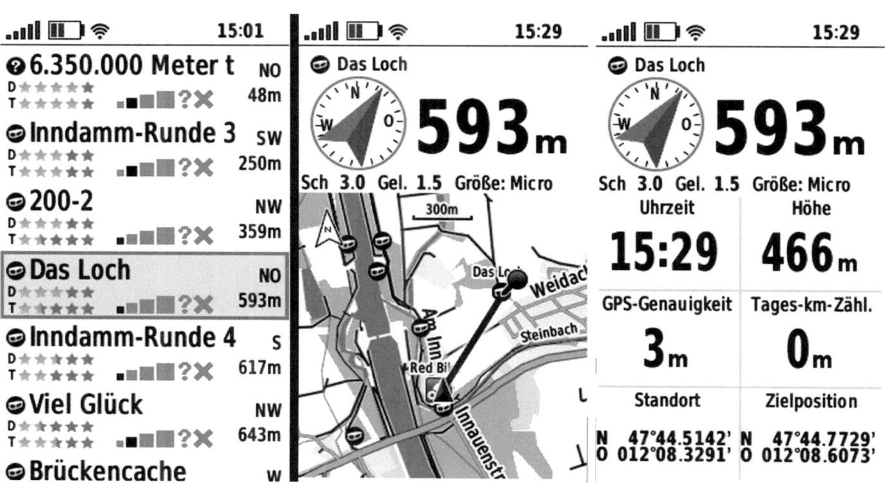

Abbildung 2-38 Bild1: FIND-Taste > Geocaches, Bild 2 und 3: gestartete Navigation zu einem Geocache, per Luftlinie

Das von Werk aus vorbereitete Profil „Geocache" zeigt z.B. auf der Kartenseite die zusätzliche Anzeige „Geocache". Somit sind in der Karte gleichzeitig der 3-Achsen-Kompass mit Richtungsanzeige, der nächste Cache mit Entfernung per Luftlinie, der Schwierigkeitsgrad, die Geländebeschaffenheit und die Größe des Caches auf einen Blick sichtbar. Im Kartenbild sieht man gleichzeitig die Navigation per Luftlinie oder mit Wegführung (nach Belieben einstellbar).

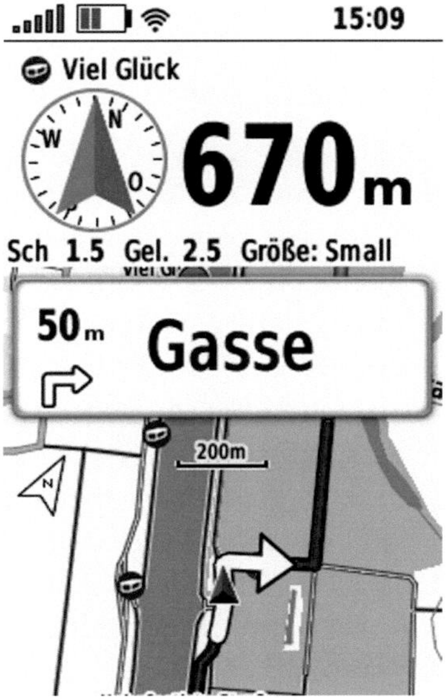

Abbildung 2-39 Kartenansicht mit zusätzlicher Anzeige "Geocache"

Bei Geocaches die eine intensivere Suche vor Ort erfordern werden die genauen Positionskoordinaten interessant. Blättere mit der PAGE- oder QUIT-Taste zur Reisecomputer-Seite. Hier ist bereits von Werk aus ein Datenfeld mit den Koordinaten Deines aktuellen Standortes sowie die der Zielposition im „Breite/Länge"-Format eingestellt.

Da Du nun anhand dieses Formates schlecht einschätzen kannst, wie nah Du dem Ziel bist etc., eignet sich hierzu das UTM-Positionsformat besser. Denn damit kann metergenau nach dem Versteck gesucht können.

Drücke in der Reisecomputer-Ansicht die MENU-Taste > Datenfelder ändern und springe mit der Wipptaste in das Feld „Standort", ENTER-Taste. Wähle in der erscheinenden Datenfeldkategorie-Liste „Akuteller Status" > und darin „Position gewählt".

Das von Dir gewünschte Positionsformat stellst Du im Hauptmenü > Einrichten > Positionsformat > auf „UTM UPS" ein.

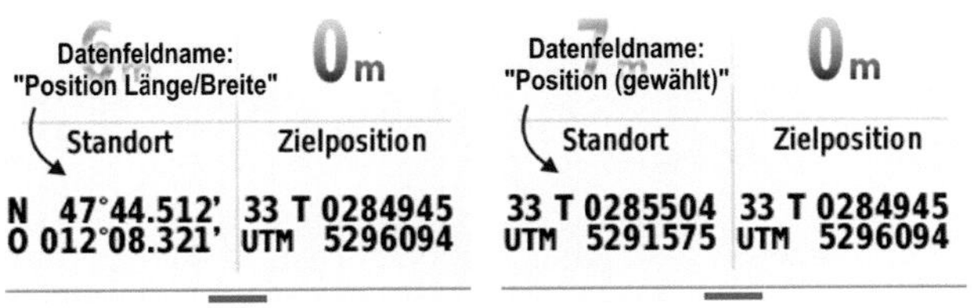

Abbildung 2-40 Positions- und Zielkoordinaten auf der Reisecomputer-Seite

Geocaches im Gerät filtern

Wenn die Liste der Geocaches in Deinem GPSMAP 66 schon sehr lang ist, kannst Du folgender Maßen nach bestimmten Caches suchen:

1. Öffne im Hauptmenü die Anwendung „Geocaching".
2. Wähle mit der Wipptaste die 📷 Geocache-Übersichtsliste und drücke hier die MENU-Taste. Wähle „Filtern".
3. Springe nun mit der Wipptaste in die jeweilige Zeile und öffne dessen Auswahlmöglichkeiten durch Druck auf die ENTER-Taste. Hier lassen sich nun die bestimmten Suchkriterien festlegen, wie in meinem Bildbeispiel. Es sollen mir nur Caches mit folgendem Charakter angezeigt werden: Typ: „Traditioneller, Multi-Cache und Rätsel-Cache, Schwierigkeit des Findens: „1.0-4.0", Schwierigkeit des Geländes „1.0-3.0", alle Größen bis auf „Groß", Status „unversucht" und „nicht gefunden".

Abbildung 2-41 Geocache-Anwendung

Details zum Cache, der | Geocache-Liste | Geocache-Filter mit "Los" gestartet wurde

Kehre mit der QUIT-Taste in die 📷 Übersichtsliste zurück, in der nun nur die Geocaches angezeigt werden, die den Suchkriterien entsprechen.

Um dann wieder **alle** Geocaches in der Liste sehen zu können, drückst Du abermals die MENU-Taste > Filtern. Hier drückst Du nochmals die MENU-Taste > „Gespeicherten Filter an" mit ENTER bestätigen > und erhältst den Zugriff auf „Alle anzeigen".

Hast Du öfters dieselben Geocache-Vorlieben, so kannst Du Deinen Filter natürlich auch abspeichern. Wähle dazu in der ▣ Geocache Übersichtsliste die MENU-Taste und wähle „Geocaching-Einst." > „Filtereinstellungen" > „+Filter erstellen". Einen gespeicherten Filter rufst Du dann in der Übersichtsliste mit der MENU-Taste > Filtern > MENU-Taste > Gespeicherten Filter anwenden > „Deinen Filter" wählen und mit der ENTER-Taste bestätigen.

Für das Geocaching-Hobby gibt es auch kleine elektronische Helfer-lein, wie den Garmin Chirp, den man im Versteck platziert und in einem Umkreis von 10 m auf sich aufmerksam macht. Möchtest Du dessen Signale empfangen, wähle im Hauptmenü > Einrichten > Geocaching > und bringe auf der erscheinenden Seite den Schieberegler in der Zeile „chirp-Suche" in die obere Stellung „Ein" (durch Druck auf die ENTER-Taste).

Der Chirp ist passwortgeschützt und kann vom Besitzer mit Koordi-naten und beliebigen Informationen programmiert werden. Die Programmierung nimmst Du ebenfalls hier in den Geocaching-Einstellungen durch Auswahl der 4. Zeile „chirp!22 progr." vor.

TracBack

Wichtig und sinnvoll ist es immer, beim Start der Unternehmung auch die eigene Aufzeichnung am GPSMAP 66 zu aktivieren (Kartenseite: ENTER-Taste). Nur so kann dann auch der Weg zurückverfolgt werden.

Im Zielauswahlmenü der FIND-Taste > Aufgez. Akt. > Aktuelle Aktivität > findest Du die Karte, in der die aktuelle Aufzeichnung dargestellt wird und am unteren Bildschirmrand die „TracBack"-Schaltfläche zeigt. Bestätige diese mit der ENTER-Taste, um nun die rückwärtige Wegberechnung zu starten.

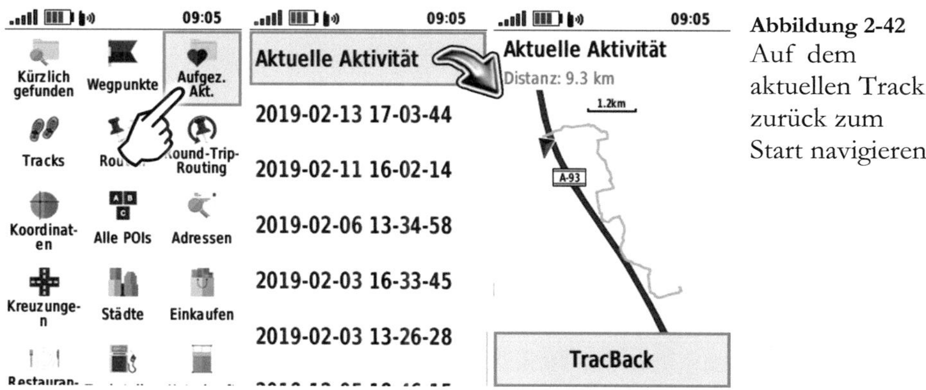

Abbildung 2-42 Auf dem aktuellen Track zurück zum Start navigieren

Diese Funktion kann in der unbekannten Urlaubsregion, in Wüstenlandschaften, wo kein Weg erkennbar ist, oder bei plötzlichem Wetterumschwung im Hochgebirge (dichter Nebel) von lebensrettender Bedeutung sein.

Also unbedingt im Hinterkopf behalten!

Tourstart/Tourende - Schritte am Gerät

Denke unbedingt **zu Beginn** einer jeden Tour an folgende Schritte:

- Gerät unter freiem Himmel einschalten,

- Richtiges Aktivitätsprofil wählen dessen Routing-Einstellungen korrekt eingestellt sind (bei Verwendung mehrerer Karten: dass die richtige Karte aktiviert – die nicht benötigte Karte deaktiviert ist),

- Vorbereiteten Track, Route oder ein Zielpunkt mit „Los" starten,

- Die Aufzeichnungsdaten der letzten Tour sind verworfen – die Werte im Reisecomputer (z.B. „Anstieg gesamt") sind also auf null? Falls nicht: Im Hauptmenü > Aufz.steuerungen > ▶ -Seite > ▣ „Verwerfen"
    und auf der Reisecomputer-Seite die MENU-Taste drücken > „Reset" wählen. (Nur nötig, wenn in den Einstellungen > Aufzeichnung > Erweiterte Einst. > Daten zurücksetzen: „Auswahl" aktiviert ist.)

- Trackaufzeichnung einschalten: ENTER-Taste auf einer der Hauptseiten drücken (Kartenseite, Reisecomputer, Höhenmesser, Kompass)

Nach der Tour

- Trackaufzeichnung stoppen: ENTER-Taste auf einer der Hauptseiten drücken (Kartenseite, Reisecomputer, Höhenmesser, Kompass) und in der automatisch erscheinenden Ansicht ▣ abspeichern

- Eine evtl. gestartete Navigation beenden, wenn das Ziel nicht erkannt/erreicht wurde (FIND-Taste: „Navigation anhalten")

Wir erinnern uns: Der Energiesparmodus, Beispiel: Wandertour

Bist Du zu Fuß auf einem Hauptwanderweg unterwegs und musst daher nicht so häufig auf das Display blicken, um dem richtigen Weg folgen zu können, ist der Energiespar-Modus wirklich eine tolle Sache, um Batteriestrom zu sparen und den ganzen Tag mit einem Satz Batterien zu überbrücken:

Hauptmenü > Anzeige > Energiesparmodus „Ein" und Display-Beleuchtung z.B. „30 Sekunden".

So ist Dein GPS-Gerät während der ganzen Wanderung zwar einge-schaltet, doch das Display schaltet sich nach 30 berührungslosen Sekunden ab. Somit ist im Prinzip auch gleichzeitig das Display gesperrt. Denn Display „Aus" bedeutet auch, es ist keine Tastenaktion möglich. Mit einem kurzen Druck auf die ① EIN/AUS-Taste weckst Du das GPSMAP 66 aus diesem „Ruhe"-Modus und hast sofort wieder alle aktuellen Daten parat.

   Am Fahrrad wird Dir das nichts nützen. Denn da will man ja ständig und dauerhaft über alle Fahrdaten informiert sein.

TOURENPLANUNG
UND AUSWERTUNG

Kapitel 3 - Arbeiten am heimischen Computer

GPSMAP 66 aufrüsten

Die Navigationsmöglichkeiten, die mit dem GPSMAP 66 und einer im Gerät installierten Karte möglich sind, sind ja eine tolle Sache. Für spontane Aktionen bekommt man sicher schöne Wege und Touren gezeigt. Doch wir Menschen sind nur selten willenlos und möchten uns wohl eher nur in Ausnahmefällen zufälligen Touren hingeben. Es gibt doch auch so viele tolle Tourenvorschläge und Radreiseempfehlungen im Internet, von Bekannten oder sonstigen Ratgebern, so dass man auch diesen einmal folgen möchte. Findet das GPSMAP 66 auch genau diese Touren?

Zuerst einmal hängen viele Routenvorschläge vom verwendeten Kartenmaterial ab, welches im GPS-Gerät installiert ist. Die beim GPSMAP 66st im Lieferumfang befindliche Garmin TopoActive ist eine ganz gute Grundausstattung für den europäischen Raum. Doch für alle die mehr möchten, z.B. Geländeinformationen wie Höhenlinien benötigen oder das Gerät auch im nicht-europäischen Raum verwenden sowie für Besitzer des Modells GPSMAP 66s (welches ohne Karte ausgeliefert wird), gibt es etliches optionales Kartenmaterial. Dies können entweder Garmin-eigene oder speziell für Garmin-Geräte umgewandelte Kartenprodukte sein.

Man unterscheidet in drei

Verschiedene Kartentypen

Es gibt nautische-, topografische- und die Straßen-Karten. Inzwischen sind diese fast alle routingfähig, d.h. sie können nicht nur per Luftlinie, sondern auf allen eingetragenen Wegen eine Route zum gewählten Ziel erstellen.

<u>Straßenkarten</u> beinhalten alle asphaltierten Wege, zum Teil sogar auch stark frequentierte Schotterstraßen, aber auch unzählige, nützliche

Infos zu bestimmten Adressen – den Points of Interest (POI), wie z.B. Sehenswürdigkeiten, Sport- und Freizeiteinrichtungen, Unterkünfte bis hin zu Krankenhäusern und dessen Notfallrufnummern. Mit Straßenkarten ist auch die Hausnummer-genaue Adresssuche möglich.

<u>Topografische Karten</u> - auch Freizeit- und Wanderkarten genannt – sind der im GPSMAP 66st befindlichen Garmin TopoActive sehr ähnlich, bieten allerdings Höhenlinien und wesentlich mehr Details. Sie beinhalten Straßen, Wege & Steige, Gewässer, Vegetation, Geländeformen, Gipfel sowie zahlreiche POIs wie Hotels, Restaurants, Sehenswürdigkeiten, Berghütten etc., meist sogar mit Telefon-Nr. versehen. Mit den neueren Topo-Karten von Garmin (ab dem Jahr 2013) kann die Wegberechnung sogar auf die jeweilige Aktivität, z.B. „Zu Fuß" (Spaziergänger), „Wandern", „Bergsteigen" etc. angepasst werden. Diese Karten werden mit dem sogenannten „<u>ActiveRouting</u>" beworben. Seit der Ausgabe der Garminkarte „Topo Deutschland V6 PRO" ist nun auch die Suche nach Straße und Hausnummer möglich. Durch ihre detaillierte Darstellung decken diese Karten im Vergleich zu Straßenkarten einen wesentlich kleineren Teil ab.

Topographische Karten kann es aber auch blattweise geben, wie z.B. die Garmin <u>Alpenvereinskarten</u>. Hierbei sind alle derzeit verfügbaren Kartenblätter des Deutschen und Österreichischen Alpenvereins für das GPS-Gerät optimiert und digitalisiert worden. Sie dienen mit Ihrem sehr hohen Detailgrad besonders als Planungsgrundlage für Alpinisten. Diese Kartendaten sind allesamt auf einer microSD-Karte gespeichert. Sie sind allerdings nicht routingfähig.

➔ Das Garmin Kartenmaterial gibt es:
  - Als fertig programmierte microSD-Karte und
  - Als Download-Version (ist auf 1 GPS-Gerät lizensiert), um diese Kartendaten-Datei im GPSMAP 66-Gerätespeicher bzw. auf einer darin eingelegten, frei bespielbaren microSD-Karte zu speichern ←

BirdsEye (Kartenbilder)

Wer die Umgebung seiner geplanten Aktivität lieber aus der Vogelperspektive betrachten möchte, kann sich über die Satellitenbilder
„BirdsEye Satellite Imagery" freuen. Mit dieser beim GPSMAP 66s/st
integrierten kostenlosen Download-Funktion können die Satellitenbilder in unbegrenzter Anzahl und je nach Speicherplatz in das
GPSMAP 66 bzw. dessen Speicherkarte geladen werden, welche dann
mit den Vektorkarten die evtl. bereits im Gerät liegen „verschmelzen".
Man erhält eine realitätsgetreue Sicht aus der Vogelperspektive auf
Straßen, Gebäude und Gelände, kann somit z.B. geeignete Parkplätze
am Startpunkt einer Tour ausfindig machen und trotzdem die automatische Berechnungsfunktion der Vektorkarte nutzen.

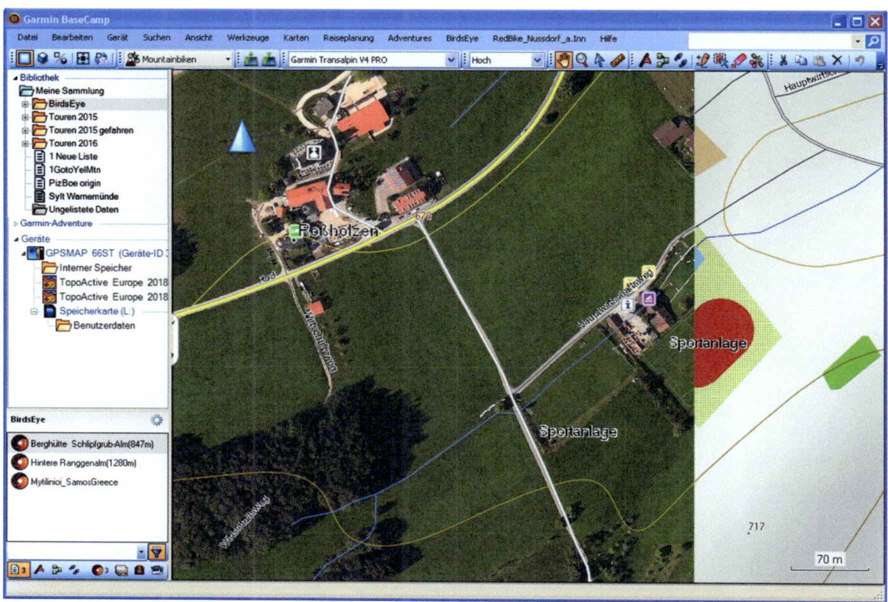

Abbildung 3-1   Das BirdsEye-Satellitenbild und die routingfähige
Topokarte verschmelzen miteinander (BaseCamp-Software am PC)

Diese Karten lassen sich drahtlos in das GPSMAP 66 laden (also ohne
PC-Verbindung). Dazu musst Du die WLAN-Verbindung an Deinem

GPSMAP 66 aktivieren (Hauptmenü>Einrichten>WLAN einschalten) und wählst dann im Hauptmenü > „Birds Eye Direct" > „Bilder herunterladen". Hier kannst Du in den entsprechenden Zeilen den Standort, Namen, Detailgrad und Radius des herunterzuladenden Kartenbildes festlegen und schließlich die „Herunterladen"-Auswahl mit der ENTER-Taste bestätigen.

Nach dem erfolgreichen Download blätterst Du mit der PAGE- oder QUIT-Taste zur Kartenseite und drückst die MENU-Taste, um die „Karteneinstellungen" > „Karten konfigurieren" aufzurufen. Navigiere mit der Wipptaste ganz nach unten in die Zeile „BirdsEye Satellite Imagery" und drücke die ENTER-Taste, damit der Schieberegler in die obere Position „aktiviert" springt. Kehre dann mit 2x QUIT auf die Kartenseite zurück. Nun solltest Du das heruntergeladene Satellitenbild sehen können.

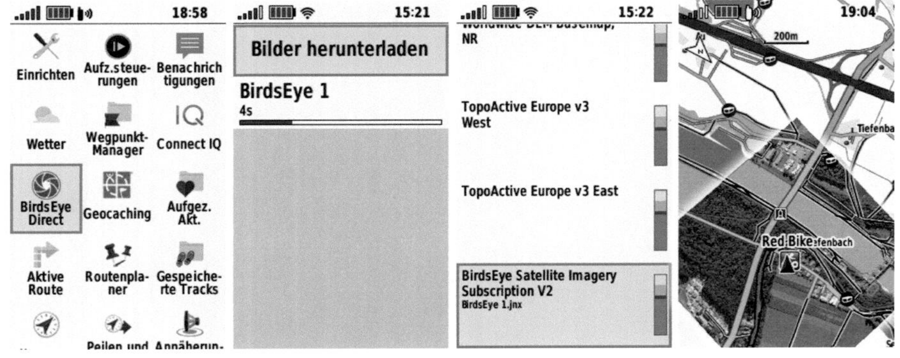

Abbildung 3-2
   Hauptmenü | BirdsEye Direct |Kartenkonfiguration| Kartenseite

Mit <u>BirdsEye Select</u> hat man eine weitere Möglichkeit beliebige Kartenaus-schnitte eines Landes, diesmal in der gewohnten Optik von Papierkarten, zum Preis von je 20,-€ mit bis zu 2.400km² über den BirdsEye-Assistenten in der PC-Software „BaseCamp" auszuwählen und in das GPSMAP 66 zu laden. In Verbindung mit einer routingfähigen Vektorkarte im Gerät ist man dann in der Lage, die automatische Wegberechnung und die gewohnte Papierkartenoptik gleichzeitig zu nutzen. Denn die Optik von Garmin-Karten ist durch die Tatsache, dass es sich hierbei um Vektorkarten handelt, welche wesentlich weniger Speicherplatz benötigen sowie in allen Zoomstufen eine übersichtliche und scharfe Darstellung gewährleisten, etwas gewöhnungsbedürftig und der ein oder andere mag vielleicht doch lieber das Wanderkarten-typische Bild einer herkömmlichen Papierkarte vor Augen haben (abgesehen von den zerschundenen Faltkanten).

Mit der **CustomMaps**-Funktion können selbst eingescannte oder von anderen diversen Quellen bezogene, lizenzfreie Karten mittels der kostenlosen GoogleEarth-Version georeferenziert werden (den Koordinaten zuweisen und ausrichten) und zu Garmin-verträglichen Karten umgewandelt werden. Eine Anleitung dazu haben wir unter folgendem Link als PDF zum kostenlosen Download bereit gelegt: www.red-bike.de/Zugabe/RB_PraxBuch_CustomMaps.pdf

Diese Funktion eignet sich besonders dann, wenn man eigene Lagepläne von z.B. Veranstaltungen im GPS-Gerät verwenden möchte. Für eine flächendeckende Nutzung ist dies jedoch eine viel zu mühselige und zeitraubende Variante, die in keinem Verhältnis zum Anschaffungspreis einer hochauflösenden und routingfähigen Vektorkarte von Garmin steht. Es ist auf jeden Fall eine gute Notlösung für Regionen, für die es überhaupt noch kein elektronisches Kartenmaterial für Garmin Geräte gibt.

Für die Suche bei fehlendem Kartenmaterial ist **OpenStreetMap** (OSM) sicher auch eine empfehlenswerte Adresse im Web. Hier handelt es sich um eine freie Weltkarte nach Wikipedia-Prinzip. Die Geodaten entspringen den freizeitlichen GPS-Aufzeichnungen, Abmessungen und Verwaltungen von weltweit emsig tätigen Hobbykartografen, die somit bereits ein eigenes Wegenetz über unseren Erdball gelegt haben. Das Kartenmaterial von OSM kann also am PC und im GPS-Gerät kostenlos genutzt, aber auch durch eigenes Mitwirken erweitert werden. Karten von beliebten Regionen oder Ballungsgebieten findet man teilweise in bester Qualität vor.

Gerade für Urlaubsgebiete, von denen es noch keine digitalen Karten gibt, kann man hier oft eine Kartenhinterlegung für sein Garmin-Gerät finden. Die Karten zu den verschiedensten Geräten, Regionen und Nutzungsarten (MTB, Radwandern, Wandern etc…) stehen mitunter auf verschiedenen Portalen zum Download bereit, die auf den OSM-Seiten verlinkt sind und man bei der entsprechenden Kartenauswahl automatisch erreicht. Für OSM-Neulinge ist auf alle Fälle der erste empfehlenswerte Schritt, den Direktlink:
http://wiki.openstreetmap.org/wiki/DE:Main_Page
in die Browser-Zeile einzutippen. Falls noch nicht geschehen, kann man die auftauchende Seite in der oberen Leiste auf die eigene Sprache umstellen. Auf dieser Seite findet man den Wegweiser, der die ersten Schritte und Möglichkeiten bei OSM beschreibt. Möchtest Du Karten im Garmin-GPS verwenden, klicke auf „Daten - Wie und womit kann ich OSM-Geodaten nutzen und für mich einsetzen?" und scrollst die sich öffnende Seite weit nach unten zu „Karten für GPS-Geräte". Dort wählst Du im Abschnitt „Vorgefertigte Karten" die „Download-liste".

Solch ein Kartendownload ist bei gut erfassten Gebieten schnell einmal 1GB groß. Hierin befindet sich meistens eine Installations(.exe)-Datei, welche die Karte automatisch in die Garmin GPS-Software am PC einbindet. Andererseits kann eine OSM-Karte aber auch nur aus den reinen „IMG"-Kartendaten bestehen, die man mittels Arbeitsplatz-Explorer in den „Garmin"-Ordner im GPSMAP66-Gerätespeicher bzw. dessen microSD-Karte kopieren muss.

OSM-Karten sind Pixelkarten mit großem Speicherbedarf und einem hinterlegten „Vektorgerüst", mit dem letztendlich auch ein Garmin Gerät auf den eingetragenen Wegen eine Route zum Ziel erstellen kann. Übrigens, die vorinstallierte Garmin „TopoActive Europe" des GPSMAP 66st-Modells basiert auf den Daten von OpenStreetMap, wurde aber eben für die Verwendung im Garmin-Gerät speziell aufbereitet. Besitzer des GPSMAP 66s können sich diese Karte (Art. Nr. 010-D1566-00) für 50,-€ als Download-Variante kaufen und ins Gerät laden (https://www.garmin.com/de-DE/maps/outdoor > Topo Light).

Nachteil zu topografischen Garmin-Karten: In den frei verfügbaren OSM-Karten, die im Netz kostenlos zur Verfügung stehen, sind keine Höhendaten integriert. Somit ist eine Darstellung des Höhenprofils bei der Tourenplanung am PC oder bei Tourstart im GPSMAP 66 nicht möglich.

Natürlich können auch

<u>**Nautische Karten**</u> wie z.B. Garmin´s „BlueChart g2" im GPSMAP 66 mittels vorprogrammierter microSD-Karte oder Download und Installation im GPSMAP 66 genutzt werden. Diese Karten beinhalten z.B. realistische Navigationsfunktionen, nautische Navigationshilfen, wie Strömungen, IALA-Kartensymbole, Marine-POIs, Seezeichen, Wracks und Hindernisse, verbotene Bereiche, beschränkte Zufahrtsbereiche, Ankerplätze, Hafenpläne, Einstellung für die sichere Tiefe, zwei verschiedene Navigationsperspektiven, Tiefen- und Küstenlinien sowie Gezeitenstände und einiges mehr.

Somit dürftest Du eine reichliche Auswahl haben, Kartenmaterial auf Deinem Garmin GPS zu verwenden.

Karten installieren

Je nach verwendetem Kartentyp gibt es unterschiedliche Dinge zu tun. Beginnen wir mit dem geringsten Aufwand:

Vorprogrammierte Datenkarte – microSD/SD-Karte

im GPS-Gerät verwenden. Ganz einfach: GPSMAP 66 ausschalten, Batteriefach öffnen, Batterien entfernen, das darunter befindliche Metallhalteblättchen mit dem Fingernagel nach links aus der Verriegelung schieben, aufklappen, microSD-Karte mit der Kontaktseite zum Display zeigend hineinlegen, zuklappen und wieder nach rechts in die Verriegelung schieben. Batterien natürlich wieder einlegen, Deckel schließen und Gerät einschalten.

Die Karteninformationen auf diesen vorprogrammierten SD-Karten können nun sofort verwendet werden. Es ist keinerlei Freischaltung nötig. Allerdings drängelt sich die im GPSMAP 66st installierte TopoActive-Karte immer in den Vordergrund, so dass Du diese für das jeweilige Profil deaktivieren musst. (MENU-Taste > Karteneinstellungen > „Karten konfigurieren" > hier die „TopoActive… NorthEast" deaktivieren (siehe Kapitel 1/ „Geräteeinstellungen" > „Karte").

Kartendownload

Garmin-Karten können als Download-Variante nur direkt auf der Webseite von Garmin (www.garmin.de > Karten > …) erworben werden. Lege eine leere microSD-Karte in das GPSMAP 66 und kopple das Gerät per USB-Kabel mit dem PC.

Mit dem Link:
https://www.garmin.com/de-DE/maps/outdoor
gelangst Du direkt zur Freizeit-Kartenauswahl von Garmin. Auf der daraufhin erscheinenden Seite kannst Du das „Land ändern" (wenn nötig) und dann in der erscheinenden Tabelle die Karte auswählen. Um z.B. die in der Alpenregion und bei MTBikern beliebte Garmin TOPO

TransAlpin+ zu finden, wählst Du bei der Suche nach Freizeitkarten die Karte mit dem Detailgrad „Hoch" und folgst den weiteren Auswahlen bis Du letztendlich zum Onlinekauf der Download-Variante gelangst. Nach dem Bezahlvorgang wählst Du als Speicherort die im GPSMAP 66 platzierte microSD-Karte aus. Dadurch wird das Kartenmaterial installiert und ist auch nur für dieses 1 GPS-Gerät freigeschaltet.

➜   Eine Nutzung dieser Karte in einem weiteren GPS-Gerät ist **nicht** möglich. Für den Download einer weiteren Straßen- oder TOPO-Karte musst Du wieder eine leere microSD-Karte im GPSMAP 66 platzieren. Derzeit lassen sich keine weiteren Kartendownloads auf einer microSD-Karte speichern. Der zweite Karten-Download würde den ersten Karten-Download überschreiben.

Ausnahme: Benenne nach dem Download der ersten Kartendatei diese per Windows-Arbeitsplatzexplorer um: Der „gmapsupp.img"-Datei fügst Du z.B. einfach vor dem Dateikürzel eine „1" ein, also „gmapsupp1.img". So kann der zweite Kartendownload den ersten nicht überschreiben, weil die neue Kartendatei ja wieder mit „gmapsupp.img" benannt wird. Das ist gerade für die Menschen interessant, die in Grenzgebieten von Karten wohnen.
Führe das Umschreiben jedoch nur durch, wenn Du im Umgang mit Dateien sicher bist und Du Deinen „ersten" Kartendownload nochmals von Deinem Konto starten kannst (innerhalb eines Jahres ab Kaufdatum). Für den Fall, dass etwas schief gehen sollte. ←

Software für den Computer

Eng in Verbindung mit dem Kartenmaterial steht natürlich auch eine Software für die Installation am PC oder Mac, mit der man schließlich in der Karte jegliche Tourenplanungs- und Nachbearbeitungsaufgaben ausführen kann. Im Prinzip ist es das, was man am GPSMAP 66 mit der Routenplaner-Funktion in nur groben Zügen vorbereiten kann.

Base Camp

Das Kartenprogramm für den Computer heißt „BaseCamp", welches seit 2009 mit dem Erscheinen der 2. GPS-Gerätegeneration entwickelt wurde und inzwischen zu einer sehr umfangreichen GPS-Software herangewachsen ist. Gegenüber der grundlegenden „Map Source"-Software von Garmin kann man in BaseCamp wesentlich flexibler und komfortabler Touren erstellen, vergleichen, suchen und nachbearbeiten. Es ist auch die Kommunikationsschnittstelle zwischen Deinem Computer und dem GPSMAP 66, wenn es um GPS-Tourdaten geht. Mit BaseCamp erhält man neben umfangreichen Zeichnungs- und Bearbeitungsfunktionen in der 2D-Ansicht, den plastischen Geländeeindruck in der 3D-Ansicht, kann den gezeichneten oder aus dem GPS-Gerät ausgelesenen Track virtuell abfliegen und erfährt viele Höhendetails zur Tour. Man erhält Sicherheit über Länge und Anstrengung der bevorstehenden Tour.

Die Software kann man sich kostenlos von der Garmin Webseite herunterladen:
https://www.garmin.com/de-DE/shop/downloads/basecamp

Mit BaseCamp ist es Dir möglich, das im GPSMAP 66 oder auf dessen microSD-Karte installierte Kartenmaterial am PC bzw. Mac zu nutzen, sobald das Gerät per USB-Kabel angeschlossen ist. Solltest Du weitere Garmin Karten z.B. als SD-Karte im Kartenslot Deines PC verwenden, so werden diese ebenso wie die Karten aus dem GPSMAP 66 gemeinsam in der BaseCamp-Software angezeigt, so dass ein kartenübergreifendes Arbeiten möglich ist.

Die BaseCamp-Software kann auf x-beliebig vielen Rechnern installiert werden. So also auch auf dem kleinen Laptop für den Urlaub, wo man dann vor Ort noch ein paar Tourenplanungen oder -Änderungen vornehmen kann.

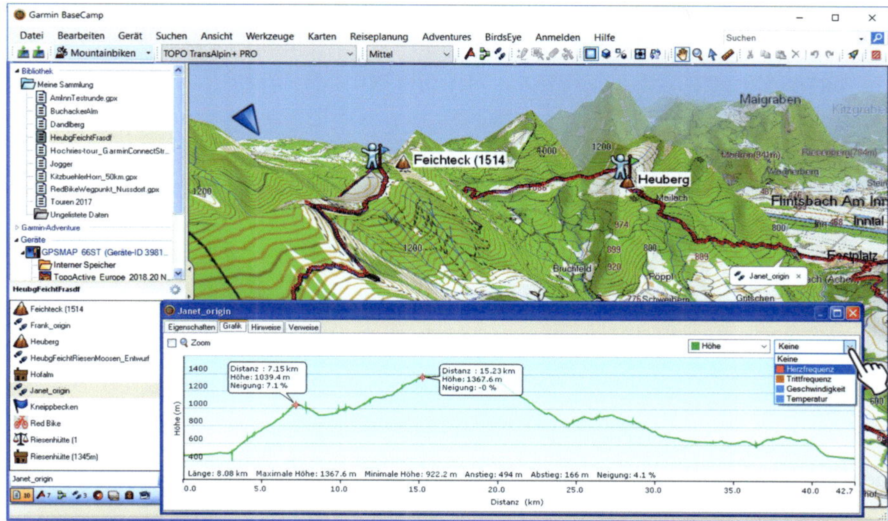

Abbildung 3-3 BaseCamp Kartensoftware mit Topo TransAlpin+ PRO und Track in der 3D-Ansicht mit Höhenprofil

Des Weiteren ist auch die Ansicht von diversen Sensorwerten wie Temperatur und Puls in der grafischen Darstellung der Track-Eigenschaften zusätzlich zur Höhenlinie aktivierbar.

Selbst Fotos können unter bestimmten Voraussetzungen in BaseCamp mit dem Track verknüpft werden.

Garmin Connect

Alles rund um Trainingsfunktionen und -planung sowie Auswertung und Verwaltung Deiner Fitnessaufzeichnungen aus dem GPSMAP 66 geschieht im weltweiten Trainings-/Fitnessportal „Garmin Connect". Auf dieser Online-Plattform sind der Zukunft kaum Grenzen gesetzt, da es mit den Anforderungen seiner Nutzer stetig weiterentwickelt wird. Neben der Nutzung als persönliches Fitnesstagebuch kannst Du hier die eigenen Aufzeichnung bis ins kleinste Detail analysieren, diese zum Nachfahren für andere freigeben, Strecken von anderen suchen oder sogar auch selbst online zeichnen. Dazu wird das kostenlose Kartenmaterial von Google, Bing und OpenStreetMap verwendet.

Garmin Express - Das Manager-Tool für PC bzw. Mac

Wie bereits auf Seite 11 „Grundausstattung" beschrieben ist „Garmin Express" das Manager-Tool für Deinen PC und benötigt beim Benutzen Internetzugang. Damit erhältst Du Zugriff auf Geräte-Updates, Handbuch und etliche Zusatzfunktionen wie die Connect IQ-Apps. Bist Du jedoch eher der Typ, der alles am Smartphone oder Tablet erledigt, so erhältst Du diese Dienstleistungen auch in der „Garmin Connect Mobile"-App.

Für die Arbeiten am PC bzw. Mac lädst Du Dir nun bitte Garmin Express von folgender Webseite herunter:
https://www.garmin.com/de-DE/software/express

und startest dann die Installationsdatei durch einen linken Doppelmausklick. In Zukunft startest Du dieses Programm an Deinem Windows-PC über den Windows-Button im linken unteren Eck > „Programme" > „Garmin" > „Express" oder über den Button auf dem Desktop (am Mac-Rechner ähnlich).

Verbinde nun Dein GPSMAP 66 per USB-Kabel mit Deinem PC. Nach dem Starten von Garmin Express wird Dein GPS-Gerät sofort erkannt und Du wirst gefragt, ob dieses Gerät vom Manager-Tool beachtet werden soll. Bestätige diese Meldung mit „Gerät hinzufügen".

Im ersten Schritt dieses Einrichtungsvorgangs wird Dir angeboten, das Gerät mit einem „**Garmin Connect**"-Fitnesskonto zu verknüpfen. Dieser Schritt kann aber auch gern mit „Weiter" übersprungen werden, wenn Dich das nicht interessiert.

Ansonsten klicke auf „…neues Konto erstellen", um Dein Fitnesskonto zu eröffnen oder verwende den Button „Anmelden", falls Du schon eins besitzt.

Mit „Weiter" gelangst Du zur Produktregistrierung und Änderung des Gerätenamens, was beides ebenso auch gern übersprungen werden kann, und letztendlich zum **Einrichten der WLAN-Schnittstelle**, wenn Du das GPSMAP mit einem Connect-Konto verknüpft hattest. Klicke dazu auf „Netzwerk suchen" (1.). Im nächsten Fenster sollte die Netzwerk-Adresse Deines WLAN-Routers erscheinen. Klicke diese mit der linken Maustaste an (2.) und gib in dem sich öffnenden Fenster den Code ein, den Du in den Einstellungen Deines Routers als Zugangs-Code verwendest. Bestätige die Eingabe mit „Speichern" und durchlaufe die restlichen Schritte des Einrichtungsassistenten bis die Synchronisation automatisch startet.

Die kabellose „WLAN"-Verbindung wird z.B. dazu benutzt, um die Aufzeichnungsdaten vom GPSMAP ins Connect-Fitnesskonto zu übertragen.

Die drahtlose WLAN-Übertragung aktivierst Du am GPSMAP 66 entweder über die ⏻ Statusseite > Zeile „WLAN" öffnen oder im Hauptmenü: Einrichten > WLAN > Schieberegler in die obere Position bringen (ENTER-Taste). Der Zugangscode

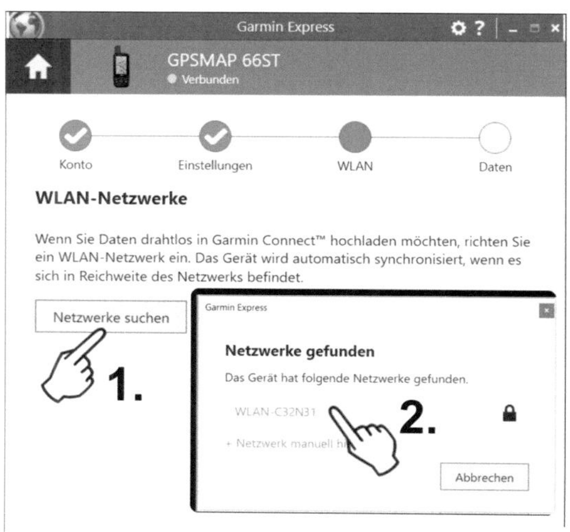

Abbildung 3-4
Garmin Express: WLAN Netzwerk-Verbindung für GPSMAP 66 einrichten

wird durch die Einrichtung in Garmin Express im GPSMAP66 übernommen.

In allen anderen Fällen kann der Code für das entsprechende Netzwerk auch am GPSMAP 66 eingegeben werden. Wähle hierzu die Zeile „Netzwerk hinzufügen". Auf der sich öffnenden Seite sollte der Router gefunden werden, dessen Zeile mit der ENTER-Taste bestätigt und dann das Passwort eingegeben werden kann.

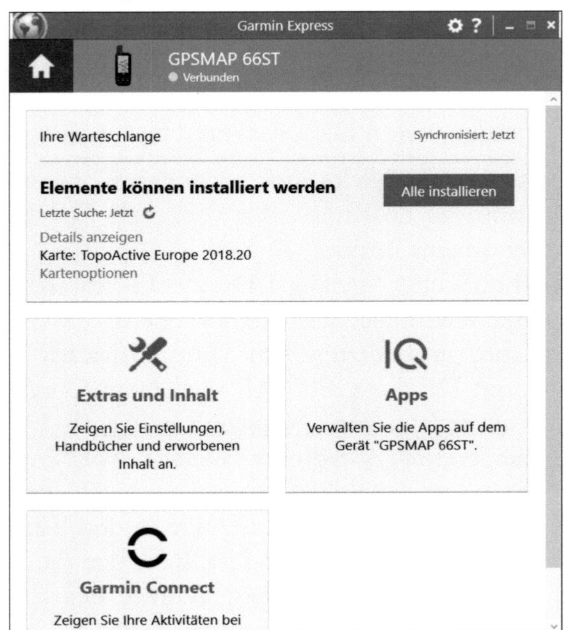

Nach dieser einmaligen Einrichtung zeigt Garmin Express nach Auswahl des Gerätes die hier oben dargestellte Ansicht. Ist ein **Update** verfügbar, wird dieses automatisch übertragen und installiert sich selbstständig nach dem nächsten Gerätestart. Lediglich die Updates zu dem im GPSMAP 66st bereits installierten Kartenmaterial werden hier mit einem „Installieren"-Button angezeigt, da diese Übertragung länger dauert und man selbst entscheiden darf/muss, wann Zeit dafür ist.

Um Dein <u>Connect Fitnesskonto</u> am PC schnell und unkompliziert zu öffnen, klickst Du auf das Feld „Garmin Connect/ Zeigen Sie Ihre Aktivitäten bei…".

Um zum <u>Handbuch</u> für Dein Gerät zu gelangen, klickst auf das Feld „Extras und Inhalt". Auf der sich öffnenden Seite findest Du auf der Registerkarte „Dienstprogramme" im unteren Teil den Abschnitt „Hilfe und Handbücher". Klicke hier auf den Link „Benutzerhandbuch (PDF) oder (Internet). Dieses ist tatsächlich sehr interessant, da dort weitere Details erklärt sind, auf die ich hier nicht auch noch einmal eingehen möchte.

Über das Feld „IQ Apps Verwalten Sie die Apps…" kannst Du Dein GPSMAP 66 mit kleinen Zusatzfunktionen erweitern.

Connect IQ-Apps und zusätzliche Datenfelder installieren

„App" ist die Kurzform von dem englischen Begriff „Application". Hierbei handelt es sich um kleine Programme, die für das Betriebssystem des GPS-Gerätes nicht relevant sind, dieses jedoch um nützliche Funktionen erweitern.

Als „Connect IQ-App" werden die Apps bezeichnet, die sich auf Garmin-Geräte installieren lassen. Sie unterscheiden sich also zu den Apps, die man am Smartphone und Tablet-PC verwendet. Die Garmin IQ-Apps können mit dem „Software Developer Kit" (SDK) von jedermann programmiert und im Garmin-eigenen Connect IQ App-Store veröffentlicht werden.

Bei den „IQ-Apps" wird unterschieden in die „**Widgets**" (=Schnellzugriffsfenster), die „**Datenfelder**", die „**Watch Faces**" (für Garmin-Uhren) und die "**Device Apps**" (Anwendungs-Apps), welche schon ein paar mehr Aufgaben zu bewältigen haben.

Die zuletzt genannten Device-Apps findest Du, nachdem Du diese zum GPSMAP übertragen hast, im Hauptmenü > „Connect IQ", wie wir uns das bereit mit der IQ-App von Komoot angesehen haben.

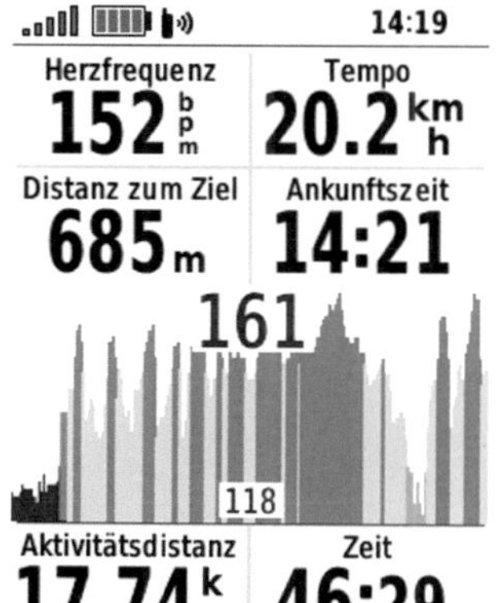

Die Widget-Apps öffnest Du hingegen durch Druck auf die ① EIN/AUS-Taste (dem Öffnen der Statusseite) und anschließendem ◀ ▶ Druck der Wipptaste zum Durchblättern der Widget-Seiten.

Die am GPSMAP 66 installierten Datenfeld-Apps sind z.B. auf der Reisecomputer-Seite > MENU: „Datenfelder ändern" > in der Kategorie „Connect IQ" zu finden, wie hier z.B. die Datenfeld-App „Heart Rate

Abbildung 3-6 Datenfeld-App verwenden

Zone Graph" von „hSoftware". Manche Datenfeld-Apps benötigen ein großes Datenfeld.

Um solche zusätzlichen Apps im GPSMAP 66 zu installieren, klickst Du bitte im Garmin Express Manager-Tool (auf der Startseite mit der Geräteübersicht) auf das Feld, welches den Namen Deines GPSMAP 66 trägt. Somit öffnet sich folgendes Fenster (linkes Bild). Klicke dann auf „IQ Apps…". Rechtes Bild: Hier hast Du die Möglichkeit „Alle" Apps die sich bereits im GPSMAP 66 befinden zu sehen oder über die Liste des Aufklappfensters (1.) eine Auswahl zu treffen, welcher App-Typ Dir gezeigt werden soll.

Abbildung 3-7 Garmin Express: Apps verwalten

Letztendlich klickst Du auf „Weitere Apps herunterladen" (2.), um in den Garmin-eigenen App-Store zu gelangen.

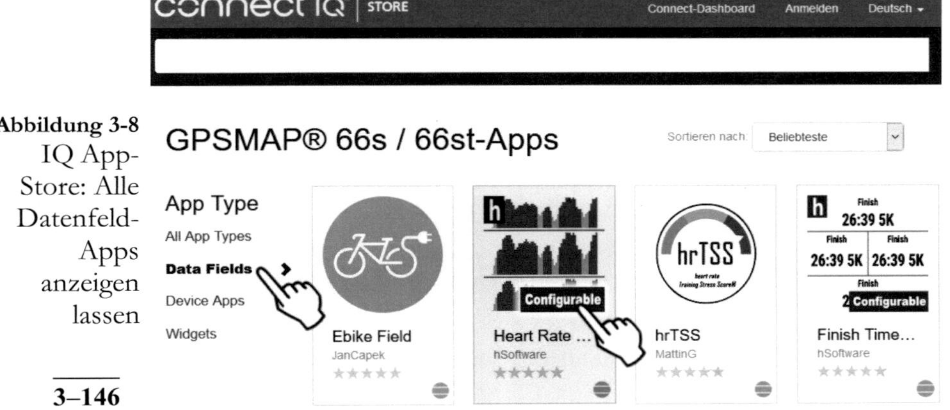

Abbildung 3-8 IQ App-Store: Alle Datenfeld-Apps anzeigen lassen

Die zur Verfügung stehenden Apps werden aufgelistet. Findest Du in einem dieser kleinen App-Vorschauflächen den Hinweis „Configurable", so kannst Du diese App etwas an Deine Bedürfnisse anpassen.

Suchst Du speziell nur nach Datenfeld-Apps, so klicke im linken Teil auf den App-Typ „Data Fields".

Hast Du Dich für ein Datenfeld entschieden, welches Du gern in Deinem GPSMAP 66 verwenden möchtest (nehmen wir gleich mal unser Beispiel „Heart Rate Zone Graph" von „hSoftware"), so klickst Du das entsprechende Feld an. Es öffnet sich eine Seite mit den Details zu dieser Datenfeld-App und einem auffälligen „Herunterladen"-Button, den Du nun bitte anklickst. Falls Du mehrere Garmin-Geräte registriert hast, musst Du in der erscheinenden Aufklappliste das entsprechende Gerät auswählen, an welches die ausgewählte Application gesendet werden soll. Dann wandert die App an Dein Garmin Express Manager-Tool und wird von diesem meistens automatisch an das GPSMAP weitergeleitet (falls nicht, musst Du dort den „Installieren"-Button betätigen).

Am Ende kannst Du im Garmin Express-Fenster > „IQ-Apps Verwalten…" kontrollieren (Abb. 3-7), ob Deine heruntergeladene App angezeigt wird und rechts daneben das Kreuz-Symbol zu sehen ist, mit dem Du diese App dann auch wieder aus dem GPSMAP entfernen kannst (nächstes Bild).

Gänzlich entfernst Du eine nicht mehr installierte App mit einem rechten Mausklick in die Zeile der App und wählst „Aus Liste löschen".

<u>Speicherplatz für Apps</u>
Wie viele zusätzliche Apps in das GPSMAP passen siehst Du, wenn Du im Fenster „Apps verwalten" auf den im Bild gezeigten Button (1) klickst.

Abbildung 3-9
App-Speicherplatzbelegung

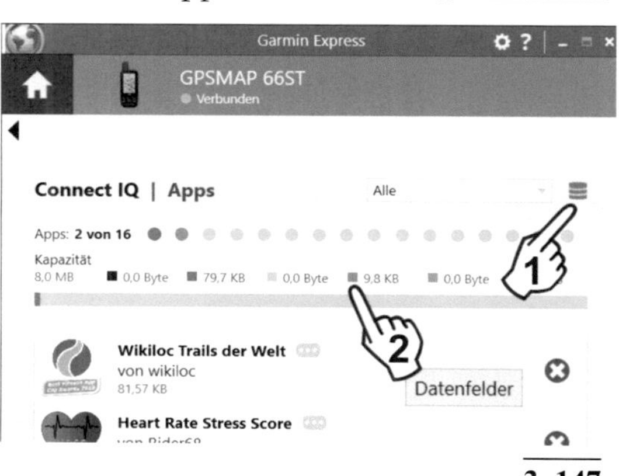

Entferne dann die Hardware sicher vom PC (Entfernen-Funktion in Windows: rechts unten in der Taskleiste) und schalte das GPSMAP 66 ein.

Dateiformate: GPX, GDB, FIT, TCX

GPX-Datei

Eine GPX-Datei kann jeweils ein oder mehrere Wegpunkte, Routen und/oder Tracks enthalten. Es ist ein sehr universelles Format, welches inzwischen von fast allen GPS-Programmen am PC geöffnet werden kann. Tracks, Strecken, Routen und Wegpunkte kann das GPSMAP 66 in diesem Format verarbeiten.

GDB-Datei

Hier handelt es sich um das hauseigene Dateiformat der Garmin-Datenbank, auf das sich das Arbeiten in Garmin Kartenprogrammen am PC aufbaut, wie z.B. die BaseCamp-Software. Dateien in diesem Format können alles beinhalten, was man innerhalb eines Projektes erstellt/bearbeitet hat. Solche Software-bezogenen Formate können aber auch nur von derselben Software wieder geöffnet werden. Dateien im GDB-Format gehören **nicht** in das GPSMAP 66. Dieses kann damit nichts anfangen.

FIT-, TCX-Datei

Eine FIT- oder TCX-Datei enthält neben den normalen GPS-Informationen auch detaillierte Trainingsinformationen. Eine solche Datei kann ein oder mehrere Strecken (Courses), Trainings, Aktivitäten (Activities) sowie Benutzer-/Radprofile und Puls-/Leistungs-/Geschwindigkeitsbereiche etc. beinhalten. Das GPSMAP 66 speichert alle Aufzeichnungen zusätzlich zum GPX-Format auch in diesem FIT-Format oder nur im FIT-Format ab (einstellbar: Hauptmenü > Einrichten > „Aufzeichnung" > Erweiterte Einst. > Ausgabeformat).

Sicherungsdatei des Gerätespeichers anlegen

Sobald das GPSMAP 66 das 1.Mal am PC angeschlossen wird, bevor man also das erste Mal die Chance hat, aus Versehen eine wichtige Datei zu löschen, macht es Sinn zu allererst eine Sicherungsdatei des GPSMAP 66-Gerätespeicherordners anzulegen. Man kann zwar das GPSMAP 66 durch den absoluten Hard Reset in den Auslieferungszustand zurücksetzen und somit versehentlich gelöschte System-Dateien wiederherstellen, oft genug geht es jedoch auch um die eigenen so mühsam ausgewählten Einstellungen, die man so nicht noch einmal neu beginnen muss.

Kopple dazu das Gerät mit dem PC per USB-Kabel und warte bis sich das Fenster des Arbeitsplatz-Explorers automatisch öffnet. Öffne darin mit einem Doppelklick auf das erkannte Laufwerk „Garmin GPSMAP 66…“ den Gerätespeicher. Kopiere Dir nun den hier liegenden, gesamten „Garmin“-Ordner auf ein sicheres Speichermedium.

System-/Ordnerstruktur

Damit die Dateien im Gerätespeicher gelesen werden können ist die abgebildete Ordner-Struktur notwendig.

Mit „Garmin GPSMAP 66…“ wird der Gerätespeicher des GPS-Gerätes als externes Laufwerk erkannt, nachdem Du es per USB-Kabel am PC angeschlossen hast. In ihm liegt der für uns interessante Ordner „Garmin“ mit weiteren Unterordnern, die zum Teil der eigenen Verwendung dienen.

Sehen wir uns die für uns wichtigsten „Garmin“-Unterordner und ihre Bedeutungen näher an:

- Im „Activities"-Ordner (Protokoll-Archiv) liegen alle Aufzeichnungen, die Du mit „ ▶ " Start/Stopp aufgezeichnet hast. Diese sind jeweils mit Datum versehen.

- Im „BirdsEye"-Ordner werden die Satelliten- und Kartenbilder abgelegt, sobald man diese Garmin-Dienstleistung in Anspruch nimmt.

- Den „CustomMaps"-Ordner nutzt Du, um in diesen eigens erstellte Kartenbilder (z.B. eingescannter Lageplan) abzulegen.

- In den „CustomSymbols"-Ordner kannst Du eigene Symbolbilder ablegen, die zur Wegpunktmarkierung verwendet werden können (siehe Anleitung Kap.3/ „Eigene Wegpunkt-Symbole erstellen").

- Dein wichtigster Ordner überhaupt, ist der **„GPX"-Ordner**. Hierhinein speicherst Du Deine Tracks, Routen, Wegpunkte und Geocaches im GPX-Format. Des Weiteren liegen hier auch der „Archive"-Ordner, in dem sich die archivierten Tracks (Aktivitäten) befinden, und der „Current"-Ordner, in dem sich der aktuell aufzuzeichnende Track/Aktivität befindet – also der aktuelle Aktivitätenspeicher.

- In den „JPEG"-Ordner kann man Fotos legen, die GPS-Informationen beinhalten, um sie im GPSMAP 66 in der Zielauswahl-Kategorie „Fotos" als Navigations-Objekt verwenden zu können. Der JPEG-Ordner muss selbst erstellt werden.

- In den „NewFiles"-Ordner kann man Strecken legen, die man nur im Trainingsgeräte-typischen FIT- oder TCX-Format vorliegen hat.

Nach dem Starten des GPSMAP 66 werden diese Dateien vom Gerät verarbeitet und in die entsprechenden Ordner verschoben.

- Einen „POI"-Ordner kann man selbst anlegen, um zusätzliche POI-Sammlungen wie z.B. von „ADFC Bett&Bike" Unterkünften, Fahrradverleihstationen, Freizeitparks etc. zu verwenden. Diese müssen im GPI-Dateiformat vorliegen. Im GPSMAP 66 findest Du dann die gesendeten POI-Sammlungen als eigenständige Kategorien im Zielauswahlmenü der FIND-Taste.

- Im „**Profiles**"-Ordner sind die Daten zu Deinen Einstellungen gespeichert. Wenn Du also alle Deine Aktivitäts-Profile perfekt eingerichtet hast und diese Arbeit nach einem Zurücksetzen des Gerätes nicht noch einmal machen möchtest, kopiere und speichere Dir die Dateien oder den gesamten Ordner an einem sicheren Ort für alle Ewigkeit ab. Denn mit diesen Dateien ist auch ein absolut zurückgesetztes GPSMAP 66 sofort wieder mit Deinen gesamten Profileinstellungen startklar.

- Im „scrn"-Ordner findest Du die Bildschirm-Aufnahmen, falls Du diese in den Geräteeinstellungen > „Anzeige" > Screenshot „Ein"-geschaltet und mit der ⏻-Taste ausgelöst hast.

Alle anderen Ordner rührst Du am besten gar nicht erst an. Über die genannten Ordner kannst Du frei verfügen. Sogar das Löschen dieser Ordner beeinflusst den Betrieb des GPSMAP 66 nicht. Gelöschte Ordner werden selbstständig neu erstellt, sobald das Gerät einge-schaltet bzw. im Gerät die entsprechende Aktion ausgeführt wird. Lediglich Deine eigenen Dateien gehen dabei verloren. Bei Bedarf können fehlende Ordner am PC mittels Arbeitsplatz-Explorer selbst erstellt werden: Rechter Mausklick > Neu > „Ordner" und diesen dann korrekt benennen.

➜ Im Garmin-Ordner selbst liegen ebenfalls weitere einzelne System-Dateien, die man dort unbedingt so liegen lässt. Lösche keine Dateien, über dessen Inhalt Du Dir nicht im Klaren bist!
Hast Du versehentlich die mitgelieferte TopoActive-Karte gelöscht, kannst Du diese am PC mit dem Garmin Express Manager-Tool

erneut in das GPSMAP 66st laden (siehe Abb. 3-7, linkes Bild: oberstes Feld > Link „Kartenoptionen"). ⬅

MicroSD-Karte einrichten

Den Speicherplatz Deines GPSMAP 66 kannst Du wie schon erwähnt mit einer leeren microSD-Karte erweitern. Karten mit 8 Gigabite dürften jedem genügen, denn die Garmin Kartendownloads sind nicht größer als 4 GB. Die restliche Kapazität der Speicherkarte kann für andere Dateien genutzt werden. Verwende nur microSDHC-Karten. Karten mit der Ergänzung „ultra II" können evtl. Probleme bereiten, bieten aber auch keinen Vorteil im GPS, da es auf das Lesen der auf der microSD-Karte gespeicherten Kartendaten ankommt.

Damit die Daten der Speicherkarte vom Gerät erkannt werden können, muss auf der Karte ein Ordner mit der Bezeichnung „Garmin" angelegt werden (rechter Mausklick: Neu > „Ordner"). Um Touren und Wegpunkte auf der microSD-Karte ablegen zu können, ist in dem soeben angelegten „Garmin"-Ordner ein Unterordner mit der Bezeichnung „GPX" notwendig. Diese Struktur kann man selbst anlegen oder mit dem Übertragen eines Wegpunktes an die microSD-Karte von der Kartensoftware „Basecamp" automatisch erledigen lassen.

Vorgehen in BaseCamp: Leere microSD-Karte in das ausgeschaltete GPSMAP 66 einlegen und das Gerät per USB-Kabel mit dem PC verbinden. BaseCamp am PC starten. Öffne irgendeinen auf Deiner PC-Festplatte gespeicherten Track/Route/Wegpunkt (Datei > "In meine Sammlung importieren") und sende diesen an die microSD-Karte (rechter Mausklick auf das zu sendende Element in der linken Spalte > "Senden an…" > SD-Karte auswählen). Somit erstellt BaseCamp die entsprechende Ordner-Struktur auf der microSD-Karte.

Praxiserfahrung: Um eine klare Linie zu fahren, speichere Kartendaten vorrangig auf der microSD-Karte und alle Tracks, Routen, Wegpunkte etc. in den „GPX"-Ordner des Gerätespeichers, der dafür groß genug ist.

Touren aus dem „Netz"

Im World Wide Web existieren inzwischen unendlich viele GPS-Tourenportale, Tourentipps von Tourismusverbänden und sonstige Seiten, auf denen die GPS-Daten von bereits abgefahrenen Touren zum Download bereitliegen, wodurch man sich das Zeichnen einer GPS-Tour erspart, wie z.B. unsere GPS-Downloadseiten: www.red-bike.de/gps

Hilfreich ist auf solchen Downloadseiten immer eine kurze Beschreibung, Kartenansicht, Höhenprofil und der Link in die kostenlose Google Earth-Version. Somit kann man sich einen genauen Eindruck über viele Details verschaffen, bevor man sich für den Download entscheidet.

Unsere GPS-Daten haben wir für einen unkomplizierten Download im <u>ZIP-Ordner</u> verpackt, welchen Du nach dem Abspeichern auf Deiner Festplatte mit der rechten Maustaste anklicken und entpacken lassen musst („Alle extrahieren" wählen).

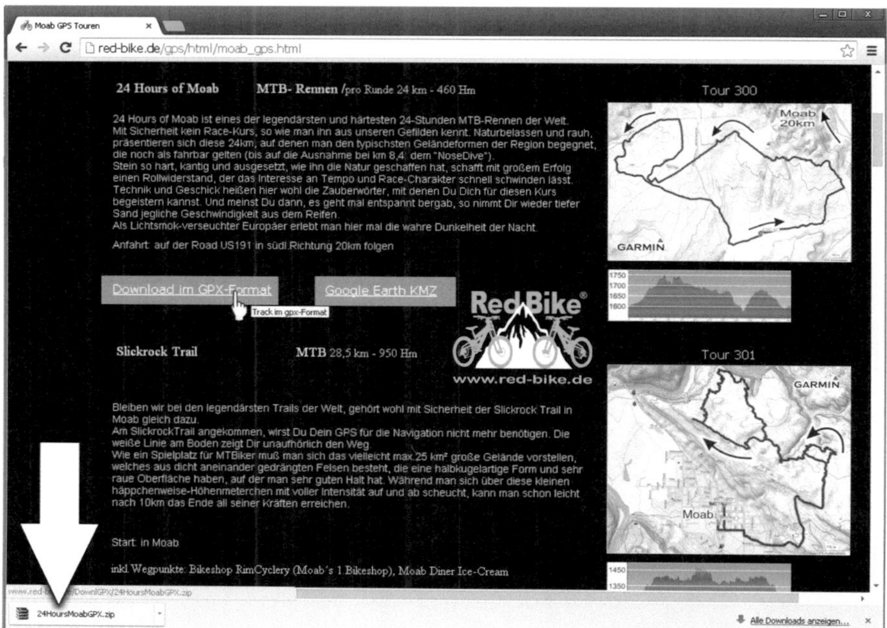

Nach dem Entpacken liegt eine Datei, z.B. „Mustertrack.gpx", im gleichen Ordner auf Deiner Festplatte. Diese klickst Du mit der linken Maustaste an und ziehst sie in den „GPX"-Ordner des GPSMAP 66-Gerätespeichers wie im Kapitel 2/ Tracknavigation > „Track vom PC zum GPS-Gerät senden" beschrieben.

Andere GPS-Downloadportale bieten eine Vielzahl verschiedener Dateiformate an, in welchen man sich den Track letztendlich herunterladen kann. Die Garmin Sport- und Outdoor-Geräte sowie sehr viele GPS-Programme arbeiten mit dem universellen GPX-Format. Sobald Du also den Download für das GPX-Format gefunden und angeklickt hast, sollte der Download starten oder sich ein kleines Dialogfenster öffnen, worin Du die Auswahl zum Speichern findest.

Öffnet sich stattdessen ein großer weißer Bildschirm mit unendlichen Zahlcodierungen, wurde der Download nicht korrekt bereitgestellt und man müsste mit der rechten Maustaste arbeiten, um aus dessen Kontextmenü „…speichern als GPX" zu wählen. Aber mit fortschreitendem GPS-Zeitalter sollten diese restlichen Fehler kaum noch zu finden sein.

GPSies.com ist ein sehr umfangreiches GPS-Tourenportal für sämtliche Aufgaben rund um die Nutzung Deines GPS-Empfängers. Hier hast Du folgende Möglichkeiten:
- Eigene Touren hochzuladen und zu veröffentlichen,
- Tracks online zu zeichnen,
- GPS-Dateien mit dem übersetzungsstarken Konverter umzuwandeln. Das ist z.B. nötig, wenn man am PC in einer x-beliebigen elektronischen Karte einen Track zeichnet, diese Software aber keine Möglichkeit bietet, diesen im GPX-Format (für das Garmin-Gerät) abzuspeichern. Denn jeder Kartenhersteller verwendet sein eigenes Dateiformat. Viele erkennen inzwischen das universelle GPX-Format an und bieten die Option, den Track am Ende in diesem Format abzuspeichern/zu exportieren

und natürlich wie bereits erwähnt
- nach Touren weltweit zu suchen und herunterzuladen.

Weitere große GPS-Tourenportale sind z.B. **www.gps-tour.info**, **www.komoot.de**, **www.outdooractive.com** (besonders für Skitouren hilfreich), welche ebenso eine umfangreiche weltweite GPS-Tourenauswahl bieten. Aber auch auf den Webseiten sämtlicher Tourismusverbände tauchen immer mehr GPS-Daten von Touren aus deren Region zum kostenlosen Herunterladen auf.

➜ Vertraue jedoch nicht blind dem bereitgestellten Material. Manchmal können diese Touren genauso nur gezeichnet worden, also in der Praxis noch gar nicht getestet worden sein. Oft wurden sie auch nicht nachbearbeitet (von Verfahrwegen oder Luftlinien nicht ausgesäubert). Es empfiehlt sich daher die Datei immer zuerst in der eigenen GPS-Kartensoftware am PC anzusehen, evtl. nachzubearbeiten (den Startpunkt an die von Dir benötigte Stelle zu verlegen) und erst dann in das GPS-Gerät zu packen.

In Ausnahmefällen werden auch Routen zum Download bereitgestellt. Doch Achtung: Da ja eine Route keine Aufzeichnung aus einem GPS-Gerät ist, sondern nur aus Start-, Ziel- und Zwischenpunkten besteht, läuft man unterwegs Gefahr der empfohlenen Tour gar nicht genau folgen zu können, weil die Route vom GPSMAP 66 auf Deiner verwendeten Karte natürlich neu berechnet wird. So etwas sollte jedoch bei Wander- und Radtouren die Seltenheit sein, während es bei Motorradtouren schon eher vorkommen kann. Die Meisten stellen dann doch ihre wahre, abgefahrene und aufgezeichnete Tour ins Netz. Das ist also ein Track mit sehr vielen Trackpunkten (hunderte, meist sogar tausende Punkte).

Bei GPSies.com ist es nun aber auch noch möglich, im Download-Prozess den angebotenen Track in eine Route umzuwandeln und herunterzuladen. Vermeide dies! Denn dabei werden die Trackpunkte in Zwischenziele für eine Route umgewandelt und in Form von Wegpunkten auf der Karte dargestellt. Man würde also zum einen die Tour vor lauter Wegpunktfähnchen in der Karte kaum sehen können, zum anderen bürdet man dem Gerät so unnötig und sinnlos viel Rechenarbeit auf, dass man sich nicht wundern muss, dass die Berechnung „Jahre" dauert oder es die Arbeit sogar verweigert und sich ausschaltet. Denn eine Route wird von der Gerätesoftware automatisch auf Straßen und Wegen berechnet und benötigt niemals so viele Zwischenziele wie ein Track Trackpunkte hat.

Aktuell gilt also:
Downloads, die als Track bereitgestellt wurden, sollten nicht in Routen umgewandelt werden! Denn dadurch ist nicht mehr sichergestellt, dass man dem ursprünglichen Tourenverlauf folgt. ←

Touren selbst planen und zeichnen

Zeichnen in Garmin Connect

In Deinem Garmin Connect Fitnesskonto am PC kannst Du mit den kostenlosen Karten- und Satellitenbildern von Bing, Google oder OpenStreetMap und den gesammelten Streckendaten von Garmin Touren selbst erstellen.

Abbildung 3-11 In Garmin Connect Strecken zeichnen, nach Beliebtheit

Logge Dich dazu am PC wieder in Dein Connect Fitnesskonto ein. Wähle in der Menüspalte in der Gruppe „Training" > den Eintrag „Heatmap für die Beliebtheit" (1). Daraufhin öffnet sich die Karte und hebt die meistbenutzten Radstrecken Lilafarben hervor. In der Aufklappliste (3) kannst Du die Aktivität genau definieren (ob Laufen, MTB-Strecken etc.).

1. Wähle dann „Neue Strecke erstellen" (4). In der daraufhin auftauchende Dialogbox legst Du den Streckentyp fest (RR, MTB, Wandern etc.), wählst die Zeichenmethode „Benutzerdefiniert" und klickst auf „Fortfahren". Auf der sich öffnenden Kartenseite kannst Du nochmals den Ortsnamen der Region eintippen, in der Du Deine Strecke erstellen möchtest, falls der angezeigte Kartenausschnitt inzwischen ein anderer sein sollte.

2. Es öffnet sich die Karte mit den Optionen und Werkzeugen, die Du benötigst, um eine neue Strecke zu zeichnen (Abb. unten).

3. Wähle nun in der Auswahlbox „Benutzerdefiniertes Zeichnen" die sinnvolle Funktion „Routing nach Beliebtheit" (nur bei Fahrradstrecken verfügbar), ansonsten „Auf Straßen navigieren". Wenn allerdings mal kein Weg in der Karte eingezeichnet ist, Du aber weißt dass da einer ist, kannst Du auch vorübergehend die Option „Freihand" wählen und abseits von Wegen in der Karte zeichnen.

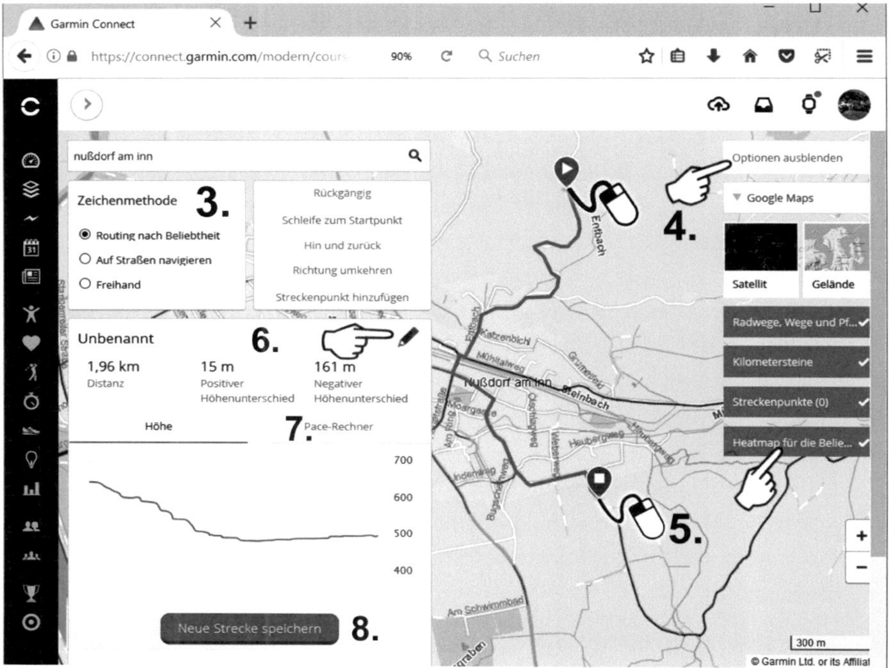

Abbildung 3-12 Arbeitsfenster zum Erstellen/Zeichnen einer Fahrradstrecke

4. Am rechten Kartenrand findest Du die einstellbaren Anzeige-Optionen. Zum einen kann man sich hier erst einmal entscheiden, welches <u>Kartenmaterial</u> man überhaupt zum Zeichnen verwenden möchte.

   Durch Anklicken der Zeile „<u>Kilometersteine</u>" erhält jeder Kilometer in der Karte eine Markierung.

   Hier findest Du auch die Option „<u>Heatmap für die Beliebtheit</u>", um beliebte Strecken hervorzuheben, die in unserem Fall bereits aktiv ist.

5. Führe dann den Mauszeiger in das Kartenfenster und verwende das Scroll-Rädchen der Maus, um in die Kartenansicht so weit hinein zu zoomen, dass die Wege und Straßen gut zu erkennen sind, auf denen Du nun entlangzeichnen möchtest.

   Zum Zeichnen brauchst Du nun nur noch mit der Maus in die Karte zu klicken und einen nach dem anderen Mausklick dorthin zu setzen, wo Deine Strecke entlangführen soll. Nur wenn Du „Freihand"-Zeichnen gewählt hast, musst Du eine jede Wegbiegung nachklicken.

   Den Kartenausschnitt verschiebst Du mit gehaltener, linker Maustaste in die Richtung, wo Du ihn haben möchtest und lässt dann wieder los. Dann zeichnest Du mit kurzen, linken Mausklicks ganz normal weiter. Mit jedem Mausklick werden das Höhenprofil und die gesamt zu absolvierenden Höhenmeter bergauf wie auch bergab aktualisiert. Deine eigene daraus resultierende Fahrtzeit musst Du jedoch noch selbst einschätzen. Die meisten dürften mit 10 km/h bei MTB-Touren (ohne „E") ganz richtig liegen, also z.B. 5 Stunden für 50 km, zuzüglich Pausen.

6. Klicke schließlich auf den Stift, um Deiner Strecke einen geeigneten Namen zu geben.

7. Auf der Registerkarte „Pace-Rechner" lässt sich die eigene Geschwindigkeit oder eine Tourdauer eintragen, um bei der Navigation sinnvolle Zielankunftszeiten im GPSMAP 66 angezeigt zu bekommen.

Nachträglich kannst Du die <u>Strecke verändern</u>, indem Du mit der Maus langsam auf der Strecke in der Karte entlangfährst. So werden

Punkte sichtbar, die Du mit der linken Maustaste anklicken und mit gehaltener Maustaste auf einen anderen Weg ziehen kannst. Mit einem Rechtsklick auf einen Zwischenpunkt lässt sich dieser dann auch wieder <u>löschen</u>. So wird der Zwischenpunkt herausgenommen und die Strecke ohne diesen Punkt neu berechnet.

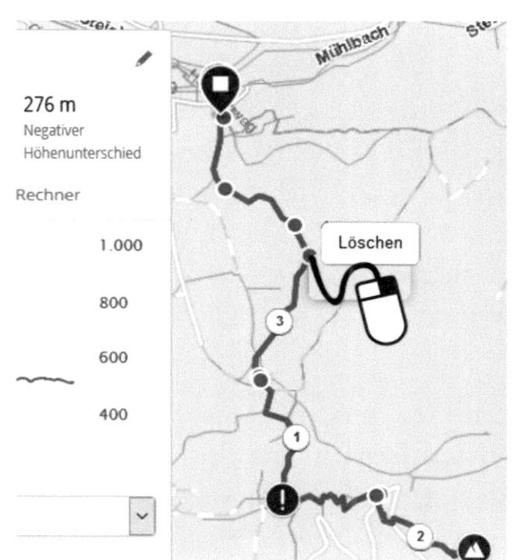

Abbildung 3-13, links: Zwischenpunkte verschieben oder löschen

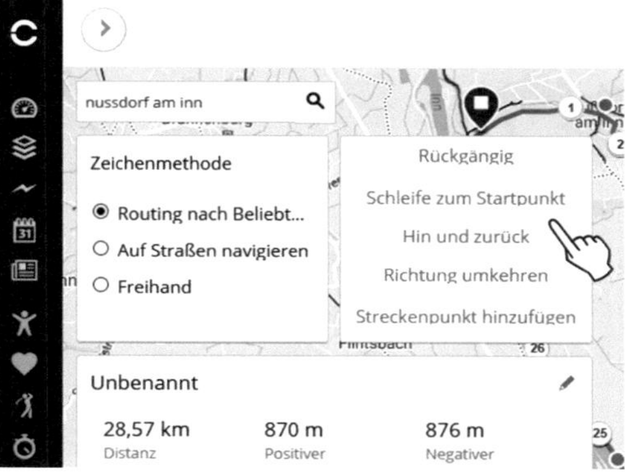

Abbildung 3-14 Hilfsmittel beim Zeichnen

Während Deines Streckenentwurfs stehen Dir weitere Hilfsmittel zur Verfügung. Richte Deinen Blick dazu in die 2. weiße Menü-Box, im linken oberen Teil des Kartenfensters. Hier findest Du folgende Optionen:

- „<u>Rückgängig</u>" braucht man ständig, wenn man mal einen Mausklick an die falsche Stelle gesetzt hat,
- „<u>Schleife zum Startpunkt</u>" vollendet Deine gezeichnete Strecke vom letzten gesetzten Mausklick zurück zum Startpunkt zu einem Rundkurs,
- „<u>Hin und zurück</u>" ergänzt die gezeichnete Strecke mit demselben Weg als Rückweg,
- „<u>Richtung umkehren</u>": Wendet die gezeichnete Strecke in ihrer Richtung,
- „<u>Streckenpunkt hinzufügen</u>" dient dazu, um bestimmte Punkte auf der Strecke zu markieren, die in einem Garmin Trainingsgerät (wie

dem Edge-Geräten) dann nur in Verbindung mit der Navigation auf dieser Strecke angezeigt werden. Das können z.B. bei Rennen Versorgungspunkte oder im Training Anfang und Ende von Sprint-Etappen sein.

8. Ist die Strecke dann so wie Du Dir diese vorgestellt hast, klickst Du auf den Button „Neue Strecke speichern" im unteren Teil der Detail-Box. In der daraufhin erscheinenden Detail-Box Deiner fertig erstellten Strecke wählst Du nun das „..." Menüzeichen, rechts unten, neben dem Button „An Gerät senden" (der nur für Trainingsgeräte dient). Wähle in dem sich öffnenden Menü „Herunterladen (GPX)" > „Datei speichern". Anschließend findest Du die GPX-Datei in Deinem „Downloads"-Ordner am PC und kopierst sie per Arbeitsplatz-Explorer in den GPX-Ordner Deines GPSMAP 66.

➜ Diese von Dir in der Web-Anwendung am PC gezeichneten Strecken kannst Du jederzeit in der Menüspalte in der Gruppe „Training" > „Strecken", auf der Registerkarte „Erstellt von Ihnen" wiederfinden.

Genauso kannst Du Deine erstellten Strecken nun aber auch am Handy in der Garmin Connect Mobile-App im Menü > „Strecken" aufrufen jedoch nach derzeitigem Stand leider nicht an das GPSMAP 66 senden, da das Fitnessportal auf die Dateistruktur von Garmin Trainingsgeräten aufgebaut ist, z.B. Garmin Edge. ←

Planung in Google Earth

Wenn man sich nun zuallererst einmal überlegen möchte, wo man überhaupt die nächste Tour fahren möchte, dann ist „GoogleEarth" sehr hilfreich. Diese Weltkarte aus Satellitenbildern gibt es als kostenlose Version (http://earth.google.com/intl/de/), die allen privaten Belangen rund um die Planung und Sammlung von GPS-Touren vollkommen gerecht wird. Auch oder gerade bei mehrtägigen Unternehmungen kann man sich hier zuerst einmal einen sehr guten Überblick verschaffen, welche Region sich z.B. für den Aktiv-Urlaub eignet, wobei aber auch auf Strandlage nicht verzichtet werden soll. Bis auf jedes einzelne Hotel kann man hinunter zoomen und sich eben auch gleich ansehen, ob sich bergiges Hinterland in der Nähe befindet. Hier stößt man gleichzeitig schon auf einige Fotos, welche die Umgebung noch besser darstellen. Zum Zeichnen eines Tracks ist GoogleEarth nur bedingt geeignet, da man im Satellitenbild die Wege kaum durchgängig erkennen, geschweige denn einschätzen kann. Schnell ist der vermeintliche Weg

Abbildung 3-15 Track zeichnen in Google Earth

in Wahrheit ein Flussbett oder sowieso vom Wald verschluckt. In Hochlagen kann man schon eher Glück haben und Alm-Wege gut nachzeichnen. Zum endgültigen Erstellen der Tour sollte man jedoch genaueres Kartenmaterial verwenden.

Wenn Du es in Google Earth trotzdem probieren möchtest (sei es nur zur Markierung einer bestimmten Umgebung), so beginne mit dem Werkzeug „Pfad hinzufügen" aus der Werkzeugleiste über der Kartenansicht. Es öffnen sich die Track-Eigenschaften. Hier kann man nun dem Track einen Namen geben sowie die Linienstärke und -farbe verändern. Während des Zeichnens muss das Eigenschaftsfenster geöffnet bleiben. Klicke es daher am oberen Rand an und schiebe es einfach nach unten oder zur Seite, wo es nicht stört. Klicke nun mit dem zum Zeichenstift verwandelten Mauszeiger auf dem erkennbaren Weg im Satellitenbild entlang.

Ist Dein Track fertig, schließe das Track-Eigenschaftsfenster mit „OK". Den gezeichneten Track findest Du nun in der Liste links neben der Kartenansicht. Um diesen Track schließlich im GPSMAP 66 zu verwenden bzw. mit der Garmin Kartensoftware weiter zu bearbeiten, speicherst Du ihn erst einmal auf Deinem Rechner ab: Track in der Liste mit rechter Maustaste anklicken. Im Maus-Kontextmenü „Ort speichern unter…" wählen. Als einziges Dateiformat werden hier nur die GoogleEarth-eigenen Formate „KMZ" und „KML" zugelassen. Das macht aber nichts. Speichere Deinen gezeichneten Track im „KMZ"-Format auf Deiner Festplatte ab. (KMZ ist die komprimierte, gepackte Form einer KML-Datei.) Mit der Garmin BaseCamp-Software kannst Du das GoogleEarth Track-Format problemlos öffnen und weiterbearbeiten oder eben an das GPSMAP 66 übertragen.

Zeichnen in Garmin BaseCamp

Sobald in Deinem GPS-Gerät Kartenmaterial installiert ist (im Gerätespeicher oder auf der im Gerät steckenden microSD-Karte), kannst Du am heimischen Rechner die Garmin-Kartensoftware **BaseCamp** nutzen, um auf dieses Kartenmaterial zuzugreifen und darin Touren zu zeichnen. Hierbei benötigst Du nun keine Online-Verbindung. Du musst lediglich die BaseCamp-Software von der Garmin-Webseite herunterladen, auf Deinem Rechner installieren und Dein GPSMAP 66 per USB-Kabel anschließen.

Beim ersten Öffnen von BaseCamp wirst Du vermutlich die geteilte <u>Kartenansicht</u> vorfinden, in der in einem Fenster die Karte in der 2D-Ansicht und im anderen Fenster in der 3D-Ansicht zu sehen ist. Zum Zeichnen benötigst Du nur die 2D-Darstellung. Also die Ansicht, wie man sie von Papierkarte kennt. Schalte daher über die Menüleiste > Ansicht > Kartenansichten auf „2D-Kartenansicht" um. Kommst Du

auch ohne die kleine Übersichtskarte zurecht, kannst Du diese hier ebenfalls ausblenden, indem Du im eben beschriebenen Menü mit der linken Maustaste auf die aktivierte „Über-sichtskarte" klickst.

Abbildung 3-16
2D-Karte mit Übersichtskarte

Somit hast Du nun den meisten Platz am PC-Bildschirm, um in der 2D-Ansicht schnell, komfortabel und übersichtlich Touren zu erstellen oder zu bearbeiten.

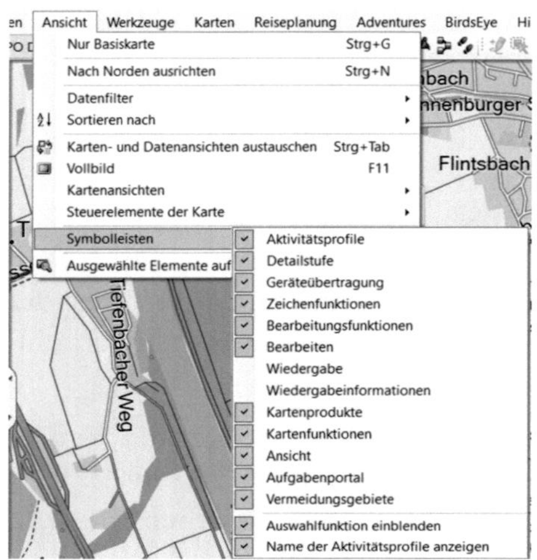

Kontrolliere, ob Dir alle Symbolleisten angezeigt werden. Klicke dazu in der Menüleiste auf „Ansicht" > „Symbolleisten". Hier sollte alles mit einem Häkchen versehen sein, bis auf die 2 „Wiedergabe"-Leisten, die man wirklich nur dann benötigt, wenn man einen Track als animierte Darstellung betrachten möchte.

Abbildung 3-17
Symbolleisten ein-/ ausblenden

→ Klicke links in der Bibliotheken-Leiste auf „Meine Sammlung", um in Deinem Arbeits-Ordner auf der PC Festplatte zu arbeiten. Klickst Du hingegen in der Liste darunter auf den Namen des angeschlossenen GPS-Gerätes, würdest Du direkt im Gerätespeicher arbeiten, z.B. Touren zeichnen. Achte also unbedingt vor Beginn einer jeden

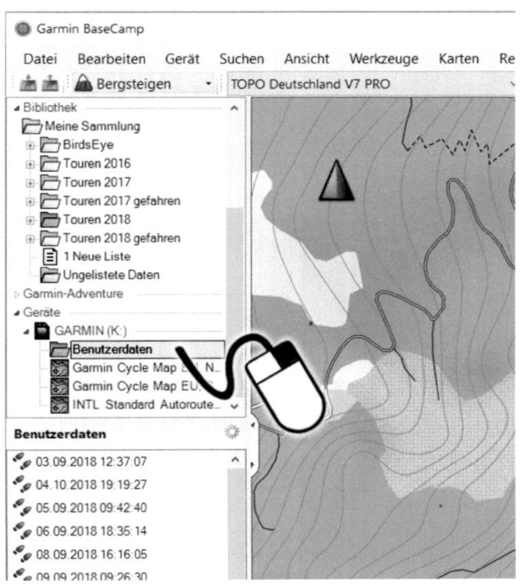

Zeichnung darauf, welcher Arbeitsordner markiert ist. Mit der rechten Maustaste kannst Du im PC-Arbeitsordner „Meine Sammlung" weitere Listen oder Listenordner anlegen, z.B. je eine Liste pro Tour, welche alle möglichen optionalen Strecken und wichtige Wegpunkte zu der Tour enthält. Im Arbeitsordner Deines GPS-Gerätes geht das nicht. Dort muss die Ordnerstruktur so belassen werden. ←

Abbildung 3-18
Im GPSMAP 66-Speicher arbeiten

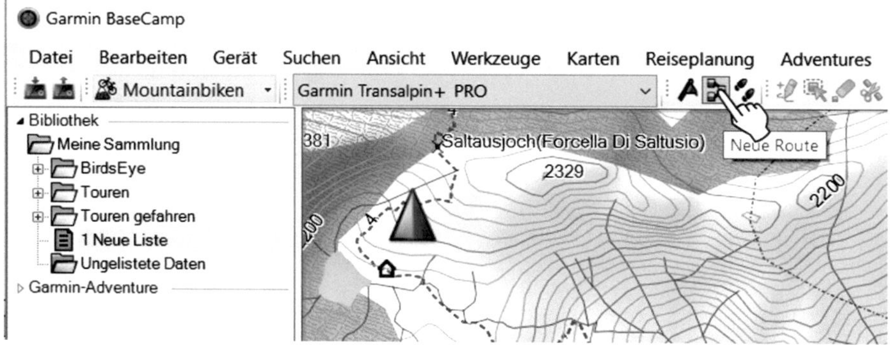

Wähle nun als erstes die Karte in der Du zeichnen möchtest aus der Aufklappliste über dem Kartenfenster, falls Du mehrere Karten besitzt.

Als Nächstes wählen wir natürlich auch gleich das richtige <u>Aktivitäts-profil</u> aus. Klappe dazu die Auswahlliste auf, wo hier ein Auto mit dem Text „Fahren" abgebildet ist und wähle Deine Aktivität, die da z.B. „Mountainbiken" sein soll. Nun können wir nämlich die Routen-funktion nutzen, um schnell eine MTB-geeignete Tour zu erstellen. Danach gehen wir ins Detail.

Abbildung 3-20 Zeichenwerkzeug, z.B. „Neue Route"

Die Werkzeuge zum Zeichnen liegen in der Werkzeugleiste oberhalb der Kartenansicht. Wähle hier das Werkzeug zum Erstellen einer neuen Route. Es öffnet sich das „Neue Route"-Fenster, mit dem Du eine Route zwischen 2 Wegpunkten erstellen könntest. Dazu müsstest Du Start- und Endpunkt bereits als Wegpunkte erstellt haben. Da wir aber sowieso unsere Tour in der Karte zeichnen wollen, können wir das kleine Dialogfenster gleich wieder schließen und den Mauszeiger in die Karte führen. Setze nun den ersten Mausklick mit dem zum Stift verwandelten Mauszeiger an Deinen Startpunkt und jeden weiteren Mausklick so auf die Wege in der Karte, dass die Software gezwungen ist, eine Route nach Deinen Vorgaben zu erstellen. Setze die Abstände Deiner Mausklicks nur so weit voneinander entfernt, dass Du sofort sehen kannst, ob der Weg zwischen Deinen beiden letzten Mausklicks

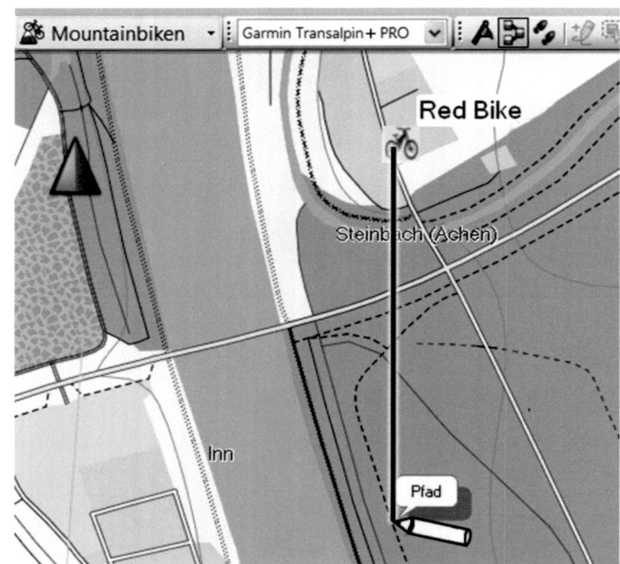

so verläuft wie Du Dir das vorgestellt hast. Du ersparst Dir nun also das Nachzeichnen einer jeder Wegbiegung. Denn zwischen den Mausklicks errechnet die BaseCamp-Software den genauen Wegverlauf anhand der ausgewählten Aktivität „Mountainbiken".

Abbildung 3-21
Route zeichnen

So zeichnest Du Deine gesamte Tour. Ist der Wegverlauf einmal nicht so entstanden wie Du es wolltest, nutzt Du kurzerhand die ↩ Rückgängig-Funktion und setzt Deine Wegmarkierung erneut. Deine Zeichnung beendest Du dann mit einem rechten Mausklick.

Nachträglich kannst Du mit den Werkzeugen „Einfügen", „Punkt verschieben" oder „Punkt löschen" Deinen Routenentwurf nochmals verändern. Die Schere symbolisiert die Zerteilen-Funktion. Hat man mehrere Routen entworfen und möchte nun den einen Teil mit einem Teil einer anderen Route zusammenfügen, nutzt man zuerst dieses „Teilen"-Werkzeug zum Abtrennen nicht gewünschter Teilstücke und dann die rechte

Maustaste, um die in der linken Objektliste ausgewählten Teile wieder miteinander zu verbinden („Ausgewählte Route(n) <u>zusammenfügen</u>").
Im unteren Teil der Spalte, links neben dem Kartenfenster, ist nun Deine gezeichnete Route aufgeführt. Wie wir ja gelernt haben basiert die entstandene Wegführung nun nicht ausschließlich auf Deinen Mausklicks, sondern wurde auch anhand diverser Einstellungen und den Grundlagen des Kartenmaterials automatisch berechnet. Egal ob Du Deine Route nun selber verwendest, jemandem geben möchtest oder einfach nur abspeicherst, ist und bleibt es immer am sichersten, wenn Du die Route zu einem Track umwandelst. Denn ein Track kann eben durch nichts automatisch verändert werden und Du kannst Dir zu 100% sicher sein, dass die gezeichnete Tour in jedem GPS-Gerät und jeder elektronischen Karte am PC auch weiterhin dieselbe bleibt.

Die Umwandlung von einer Route zu einem Track geschieht ganz einfach: Klicke mit der rechten Maustaste den Eintrag in der linken Objektliste an und wähle aus dem Kontextmenü: „<u>Track aus ausge-wählter Route erstellen</u>". Dadurch gesellt sich ein weiterer Eintrag in Deiner Objektliste hinzu, welcher nun 2 kleine Füße vor dem Namen bekommen hat – das Symbol für einen Track. Die Route

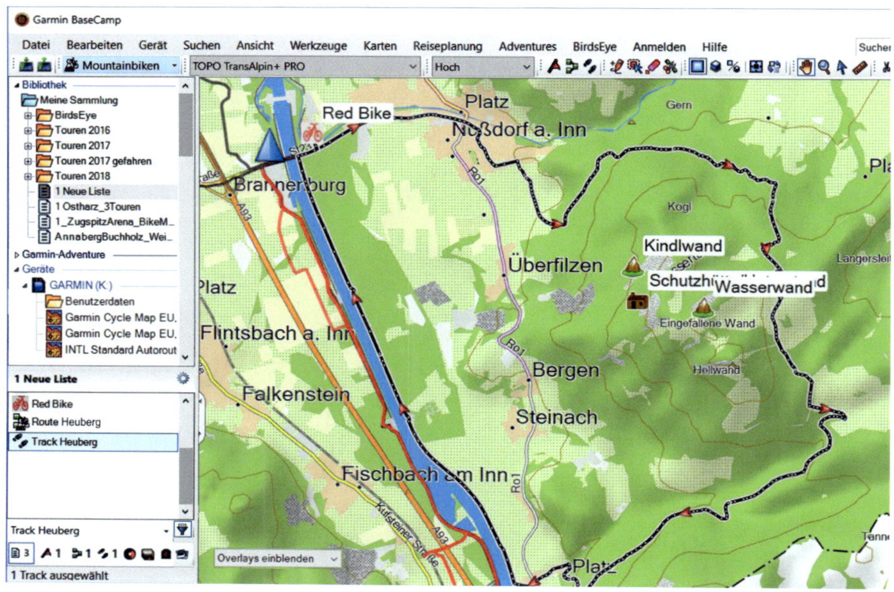

Abbildung 3-22   Track aus ausgewählter Route erstellen

diente uns also nur als Entwurf, wodurch wir diese nun auch gleich löschen wollen.

➜ In der BaseCamp-Software kannst Du viel mit der rechten Maustaste erledigen. Um z.B. Elemente aus BaseCamp vollständig zu entfernen, klickst Du mit der rechten Maustaste auf das nicht mehr gewünschte Objekt und wählst in dessen Kontextmenü „Löschen". Es gibt aber noch einen ähnlichen Eintrag. Wählst Du nämlich hingegen „Aus der aktuellen Liste entfernen", so wird das Objekt nur aus der aktuellen Liste bzw. dem entsprechenden Listenordner von „Meine Sammlung" entfernt, wobei es aber im Gesamt-Ordner „Meine Sammlung" und somit im Ordner „Ungelistete Daten" weiterhin zu finden ist. Dasselbe passiert, wenn man die „ENTF"-Taste der PC-Tastatur verwendet. ⬅

Um nun mehr über den gezeichneten Track zu erfahren, klickst Du mit der linken Maustaste doppelt auf den 👣 Eintrag in der Objektliste. Dadurch wird der Track auch gleichzeitig im Kartenfenster zentriert dargestellt und öffnet das Fenster mit den Track-Eigenschaften. Hierin sind die Übersichtsdaten zu Distanz und bevorstehenden Höhenmetern zu erfahren, vorausgesetzt: der Track wurde in einer topografischen Garmin-Karte gezeichnet. (Die im GPSMAP 66st integrierte TopoActive liefert beim Zeichnen am PC leider keine Höhendaten.)

In Fall der Topo-Karte ist im Eigenschaftsfenster auf der Registerkarte „Grafik" das Höhenprofil zu finden. Hier kann man alles wesentlich genauer betrachten. Fährst Du mit dem Mauszeiger auf der Höhenlinie entlang, wird Dir diese Position gleichzeitig im Kartenfenster angezeigt.

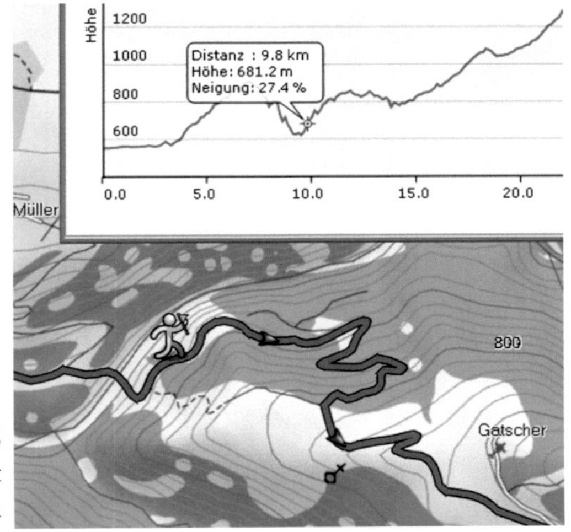

Abbildung 3-23
Das Höhenprofil gibt Auskunft über kritische Schlüsselstellen

Fallen Dir nun dadurch besonders steile Abschnitte auf, solltest Du dieses Teilstück des Tracks mit dem 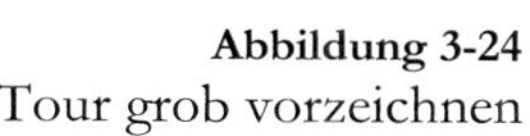 „Einfügen"-Werkzeug abändern, bevor Du dann Dein Rad im Gelände ewig schieben musst.

Am Anfang einer Tourenplanung ist es jedoch meist so, dass der PC-Monitor zu klein ist, um zu sehen wohin man zeichnen muss. Dazu gibt es einen einfachen Trick:

Verwende das Track-Werkzeug und zeichne einfach Luftlinien, an denen Du Dich dann orientieren kannst, wenn Du in die Kartenansicht hineinzoomst.

Im 2. Schritt wählst Du dann wieder die Routenfunktion und zeichnest in der Nähe Deiner Luftlinie entlang.

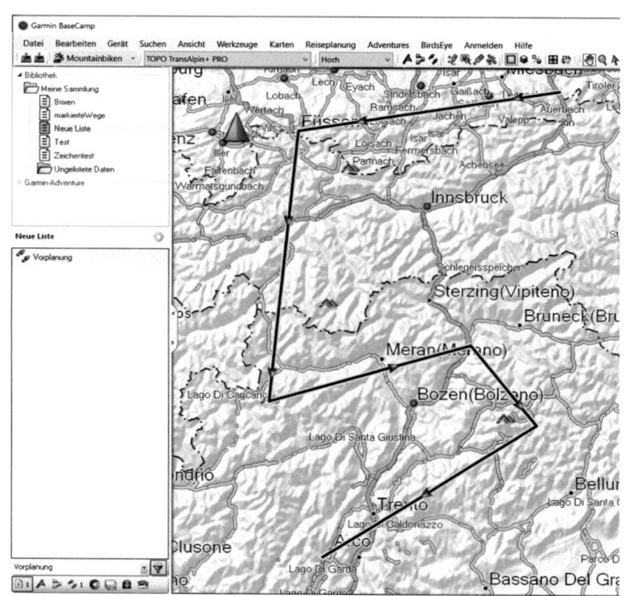

Abbildung 3-24
Tour grob vorzeichnen

→ Nicht verwechseln:

- Routen zu Tracks umwandeln ist in Ordnung und erleichtert die Arbeit beim Erstellen.

- Tracks zu Routen umwandeln macht jedoch keinen Sinn – Finger weg! – ←

Zu Deiner Tourenplanung fügst Du dann noch wichtige Wegpunkte hinzu (Startpunkt, Wasserstellen, evtl. Gipfel), so dass Du diese auch unabhängig von der geplanten Tour im Gerät einzeln aufrufen und die Navigation dorthin starten könntest, was z.B. für die Anfahrt zum Startpunkt ja sowieso schon Sinn macht.

Wegpunkte in BaseCamp erstellen

Am PC Wegpunkte zu erstellen kann dafür nützlich sein, weil es unterwegs einfach zu lange dauert im GPSMAP 66 in den Zieleingabe-Kategorien nach einem speziellen Punkt anhand seiner Adresse zu suchen und diese evtl. sogar noch buchstäblich eingeben zu müssen. Da tut man sich am PC schon um ein Vielfaches leichter und weiß somit auch schon besser Bescheid, da man in der Karte am PC auch wesentlich mehr entdecken wird.

Für die Erstellung in der BaseCamp-Software aktivierst Du dafür das ⚑ Fähnchen-Werkzeug in der Symbolleiste über dem Kartenfenster und rammst es an der gewünschten Position in die Erde. Sorry: …klickst mit der Maus an den Punkt in der Karte, wo Dein neuer Wegpunkt entstehen soll. Danach öffnest Du durch Doppelklick der linken Maustaste auf den neuen Eintrag in der Objektliste dessen Eigenschaften und vergibst einen beliebigen Namen, evtl. auch ein anderes Symbol. Mehr ist es nicht.

Wegpunkte mittels Koordinaten erstellen

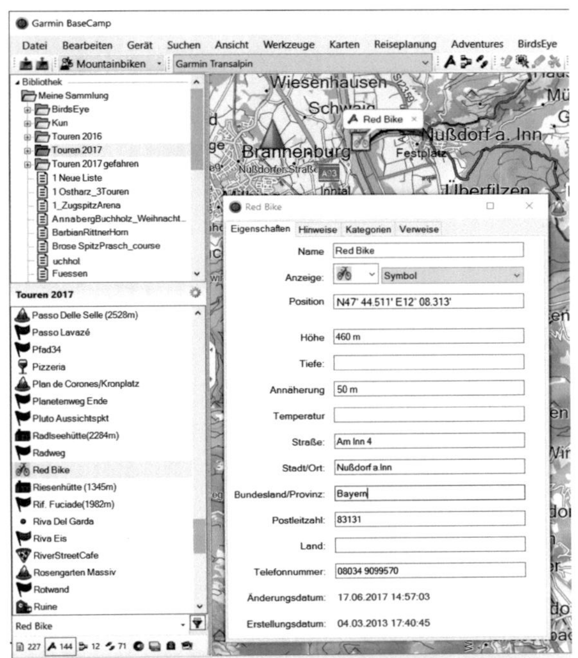

Hier in den Eigenschaften des Wegpunktes kannst Du ebenso in der Zeile „Position" die Zahlen abändern, die **Positionskoordinaten** aus einer z.B. Anfahrtsbeschreibung eintragen und somit den eben erstellten Wegpunkt doch an eine ganz andere Position verschieben.

Abbildung 3-25
Wegpunkt erstellen
in BaseCamp

Falls Du das Positions**format** in BaseCamp ändern musst, wählst Du in der Menüleiste: Bearbeiten > Optionen > Registerkarte „Messung" und hier im Feld „Position" > in der Aufklappliste „Gitter" z.B. einen der ziemlich weit oben aufgeführten Einträge „Breite/Länge hddd°mm.mmm´ " oder das Format, welches Du eben benötigst. Das Kartenbezugssystem „WGS84" bleibt bestehen.

Den Track und Deine für die Tour benötigten Wegpunkte sendest Du an das GPSMAP 66 wie im gleich folgenden Abschnitt „Objekte aus BaseCamp zum GPS-Gerät übertragen" beschrieben.

Eigene Wegpunkt-Symbole erstellen

Wer seinem Wegpunkt in der Karte am PC und im GPSMAP 66 gern sein eigenes Symbol geben möchte, kann sich hierfür ein x-beliebiges, gut erkennbares Bildchen, in einer Größe von 16x16 Pixel anlegen und im Bild-Dateiformat „BMP" (Windows-Bitmap) abspeichern.

Der Speicherort für solche benutzerdefinierten Symbole ist am PC der Ordner „Benutzerdefinierte Wegpunktsymbole", der sich automatisch im „Mein Garmin"-Ordner unter „Eigene Dateien" mit der Software-installation auf Deinem Rechner erstellt haben sollte. Ist das nicht der Fall, legst Du dort einfach einen neuen Ordner mit rechtem Mausklick „Neu" > „Ordner" an, den Du genauso benennst.

Der Name der Bilddatei muss aus 3 Zahlen bestehen. Sieh am besten zuerst in dem bereits vorhandenen Ordner nach, welche Bilddateien dort schon bestehen, welche Nummerierung sie besitzen und gib Deinen Symbolen die nachfolgenden Nummerierungen, wie z.B. 020.bmp ; 021.bmp ; 023.bmp …usw.

In BaseCamp findest Du dann Deine eigenen Symbole in den Wegpunkteigenschaften, bei der Symbolauswahl unter „Benutzerdefiniert". Um dieses Symbol auch im GPSMAP 66 verwenden zu können, kopierst Du das Bildchen mittels des Arbeitsplatz-Explorers in den „Custom Symbols"-Ordner im „Garmin"-Ordner des GPSMAP-Gerätespeichers. Auch im GPS-Gerät findest Du dann das Symbol bei der Symbolauswahl eines Wegpunktes unter „Benutzerdefiniert".

Objekte aus BaseCamp zum GPS-Gerät übertragen

Klicke das zu sendende Objekt (Track, Wegpunkt etc.) mit der rechten Maustaste in der Objektliste an und wähle aus dem Maus-Kontextmenü „Senden an…". Es öffnet sich ein kleines Dialogfenster, in dem Du nun den Speicherort bestimmen kannst, wo der Track (etc.) abgelegt werden soll, also im Gerätespeicher „GPSMAP 66" > „Interner Speicher".

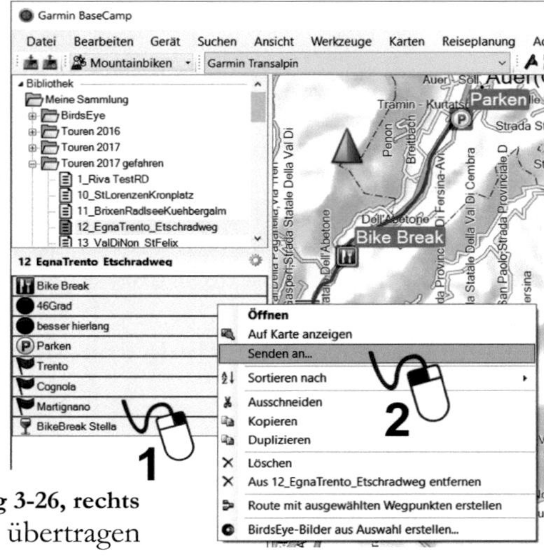

Abbildung 3-26, rechts
Track zum GPSMAP 66 übertragen

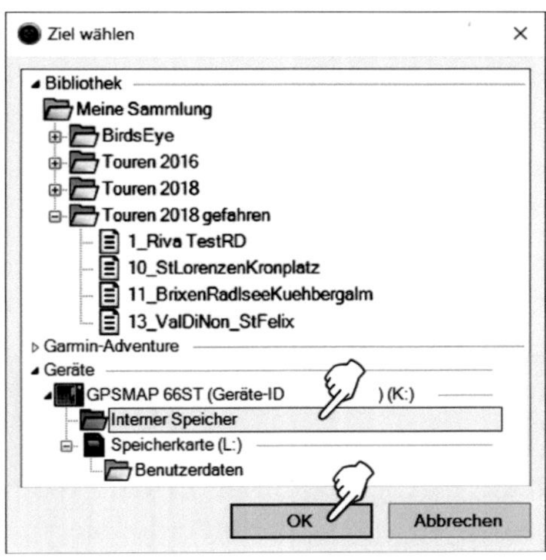

Abbildung 3-27
"Senden an" - Dialogfenster

Du kannst auch mehrere Objekte gleichzeitig zum GPSMAP 66 senden. Dazu markierst Du mit gehaltener „STRG"-Taste und linker Maustaste alle zu sendenden Objekte wie z.B. Wegpunkte, Haupttrack und optionale Tracks – also alles was zu dieser Tour gehört – und klickst diese Markierung dann mit der rechten Maustaste an. Im Kontextmenü der Maus wählst Du dann wieder „Senden an…" > „Interner Speicher".

Überprüfe nach dem Sendevorgang unbedingt, ob auch alle Objekte im GPS-Gerät angekommen sind. Zur Vorab-Kontrolle, wenn das GPSMAP 66 noch am Kabel hängt, nützt es auch erst einmal im

Arbeitsplatz-Explorer nachzusehen, ob überhaupt eine Datei im „GPX"-Ordner angekommen ist. Dort sollte nun nämlich eine „Track.gpx"- oder „Waypoints.gpx"-Datei liegen. Alles vor dem „.gpx" könntest Du im Arbeitsplatz-Explorer beliebig umbenennen, falls es mal Probleme mit einem weiteren Sendeversuch geben sollte.

Diese „Senden an…"-Funktion kannst Du ebenfalls nutzen, um Objekte innerhalb von „Meine Sammlung" von einer Liste in die andere Liste Deiner Bibliothekenspalte zu kopieren. Die übliche „Drag&Drop"-Funktion tut´s aber auch (mit der Maus ziehen und loslassen).

➜ Übertragungsmöglichkeiten für das GPSMAP 66:

Dateien im GPX-Format werden in den „GPX"-Ordner im Garmin-Ordner des GPSMAP 66-Gerätespeichers abgelegt:

- Entweder in der BaseCamp-Software (Objekt(e) markieren und mit rechtem Mausklick „Senden an…" > „Interner Speicher"), wobei die gesendeten GPS-Objekte in eine automatisch benannte Datei in den „GPX"-Ordner gelegt werden oder

- Mit der Drag&Drop-Funktion per Arbeitsplatz-Explorer, bei der man jede Datei x-beliebig benennen und somit auch selbst gut wiedererkennen kann. ←

Objekte aus dem GPSMAP 66 entfernen

In der BaseCamp-Software kann man auf den „Internen Speicher" des GPSMAP 66 zugreifen und somit einzelne oder mehrere GPS-Objekte gemeinsam markieren und mit dem „Löschen" aus dem Kontextmenü des rechten Mausklicks aus dem Gerät entfernen.

Möchtest Du direkt am GPSMAP 66-Gerät einzelne GPS-Objekte löschen, so rufst Du z.B. im Wegpunkt-Manger einen Wegpunkt, im Track-Manager („Gespeicherte Tracks") einen Track, im Routenplaner eine gespeicherte Route oder im Bildbetrachter ein Foto auf und wählst die MENU-Taste sowie darin die Option „Löschen".

Im Wegpunkt-Manager kannst Du mittels MENU-Taste auch Alle Wegpunkte auf einmal löschen.

Höhenwerte: barometrisch, per GPS oder aus der Karte

Achtung: Alle GPS-Programme, welche die <u>Gesamthöhenmeter einer geplanten Tour</u> im Voraus angeben, zeigen immerhin nur einen theoretischen Wert. Durch die Summierung der im Einzelnen um vielleicht nicht einmal 1m abweichenden Höhenangaben, die auf dem gezeichneten Track erkannt wurden, kann es in der Summe doch zu einer sehr großen Abweichung zu den tatsächlich bevorstehenden Höhenmetern kommen. Unsere Erfahrungen bei der Tourenplanung haben gezeigt, dass es immer weit mehr geplante, als tatsächlich zu bewältigende Gesamthöhenmeter sind (mind. 10% Abweichung). Da muss man je nach Karte seine eigenen Erfahrungen machen. Anfangs jedoch unbedingt daran denken, dass es auch mal andersherum sein könnte. Daher kann ein und derselbe Track beim Öffnen in verschiedenen Kartenprogrammen auch unterschiedliche Gesamt-aufstiegswerte anzeigen.

Selbst wenn Du einen mit dem GPSMAP 66 aufgezeichneten Track in einer elektronischen Karte am PC öffnest kann es vorkommen, dass Deine <u>barometrischen Höhendaten</u> aus diesem Gerät missachtet und durch die Höhendaten der Karte ersetzt werden.

Das BaseCamp-Kartenprogramm übernimmt die barometrischen Höhenwerte aus dem GPSMAP 66. Diese findest Du, wenn Du in der linken Objektliste einen Track doppelt anklickst und sich dessen „Eigenschaften"-fenster öffnet.

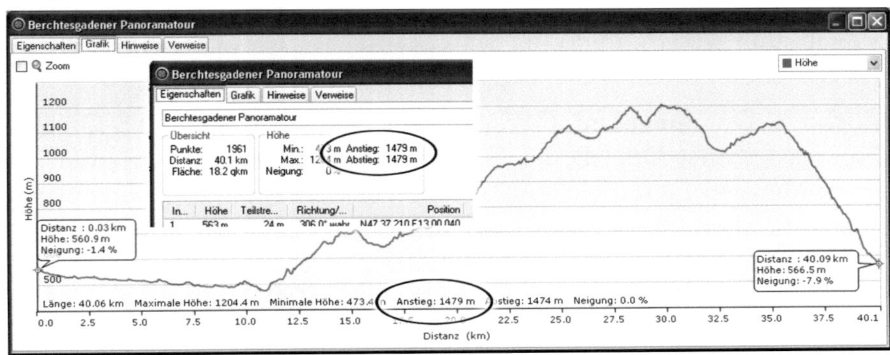

Abbildung 3-28 Gesamthöhenmeter einer Tour

Die Höhendaten die das GPSMAP 66 aufgezeichnet und addiert hat findest Du auch direkt im GPS-Gerät im Datenfeld „Anstieg gesamt" auf der Reisecomputer-Seite sowie in der Anwendung „Aufz.steuerungen" während die Aufzeichnung noch läuft oder nach dem Abspeichern der aktuellen Aufzeichnung im Hauptmenü > „Aufgez. Akt." > entsprechendes Datum wählen > ⓘ -Seite.

Das Garmin Connect Fitnessportal hingegen entscheidet selbst welche Daten die genaueren sind. Bei Aufzeichnungen aus dem GPSMAP 66-Geräten werden die Höhendaten mit denen von Vermessungsämtern korrigiert.

Abbildung 3.20 Barometrisch

Per GPS erfasste Höhendaten wie es bei Geräten ohne Barometermessung der Fall ist sind nur im Stillstand nützlich. Die GPS-basierte Höhenaufzeichnung während einer Fortbewegung ist um ein vielfaches ungenauer.

Fotos georeferenzieren

Im Zeitalter von GPS und GoogleEarth ist es schon selbstverständlich, dass man zu bestimmten Wegpunkten auch Fotos findet, durch die man sich einen noch besseren Eindruck über einen Ort verschaffen kann, den man selbst noch nicht kennt.

Möchtest Du herkömmliche Fotos zur Navigation verwenden oder einfach mit GPS-Daten versehen jemandem schicken, kannst Du mit dem kostenlosen Bilddateien-Bearbeitungstool „Geosetter" von Friedemann Schmidt Deine Fotos manuell georeferenzieren.
Download und Beschreibung: www.geosetter.de

Fotos, die GPS-Informationen enthalten und Du per Arbeitsplatz-Explorer in den JPEG-Ordner Deines GPSMAP 66 kopiert hast, findest Du im Gerät im Hauptmenü > Bildbetrachter wieder. Das Foto kannst Du durch Bestätigen mit der ENTER-Taste öffnen und das weiterführende Optionsmenü mit der MENU-Taste aufrufen.

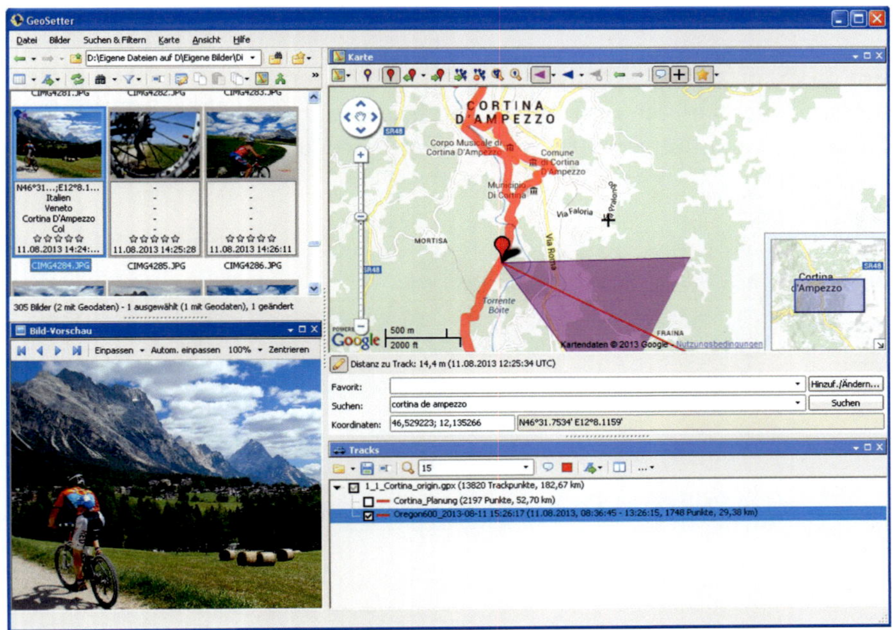

Abbildung 3-30 Eigenen Fotos Koordinaten und Blickrichtung zuweisen

Das Optionsmenü (2.Bild v. li.) gibt unter anderem die Möglichkeiten, den Punkt der Aufnahme in der „Karte" (3.Bild v. li.) oder die Details zum Aufnahmeort durch „Informationen anzeigen" (4.Bild v. li.) darstellen zu lassen. In diesen beiden Ansichten erscheint auch die „Los"-Auswahl, mit der Du sofort die Navigation zu diesem Ort starten kannst.

Abbildung 3-31 Foto im Bildbetrachter zur Navigation verwenden

Trackaufzeichnung am PC auswerten

Während der Tour hat das GPSMAP 66 nun so allerhand Daten gesammelt, auf dessen Auswertung man gespannt sein kann. Ob es nun die Darstellung in einer Karte, in einer 3D-Animation oder im Satellitenbild von GoogleEarth ist oder ob es die Menge der Fahrdaten sind, die ein gewaltiges Informationspaket zum ganzen Tag liefern. Bis ins kleinste Detail lassen sich diese Aufzeichnungen je nach verwendeter Software zerlegen, analysieren oder einfach nur nachbearbeiten, um sie in einer ordentlichen Qualität für die Ewigkeit und ein wiederholtes Nachfahren/-gehen abzuspeichern.

Aufzeichnung in BaseCamp öffnen

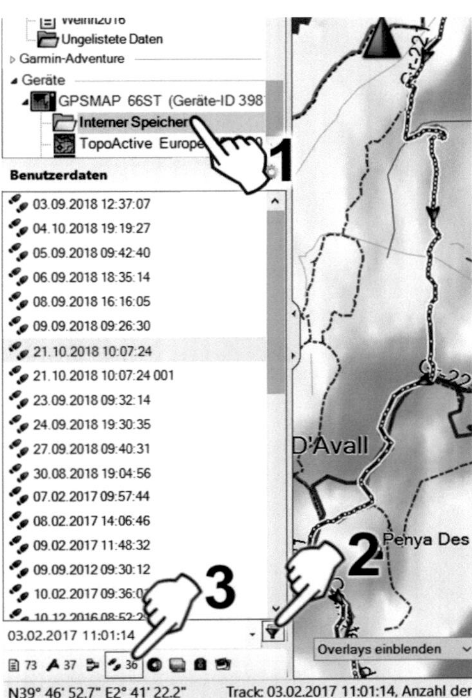

Abbildung 3-32 Aufzeichnungen in BaseCamp auslesen

Schließe das GPSMAP 66 per USB-Kabel am Computer an und öffne das Garmin Kartenprogramm „BaseCamp". Warte bis die Daten aus dem GPSMAP 66 vollständig ausgelesen wurden. Das ist an dem grünen Ladebalken unter dem erkannten Gerät in der Spalte links neben dem Kartenfenster zu erkennen. Klicke dann auf „Interner Speicher" (1) (Gerätespeicher).

In der Objektliste links neben dem Kartenfenster werden nun alle Aufzeichnungen mit Datum und Startuhrzeit sowie gespeicherte Wegpunkte angezeigt, die im Gerät liegen.

Mit der <u>Filterfunktion</u> durch Anklicken des Trichter-Buttons (2) am unteren Rand der Objektliste kannst Du Dir einen ganz guten Überblick verschaffen. Somit lassen sich nämlich nur die Strecken (3) oder nur die Wegpunkte anzeigen. Die kleinen Zahlen hinter jedem Symbol stellen die Anzahl der entsprechenden Elemente dar, die im Gerätespeicher liegen. In meinem Bildbeispiel sind es also 37 Wegpunkte und 36 Strecken.

Wenn Du <u>mehrere Wegpunkte</u> aus Deinem GPSMAP 66 <u>löschen</u> möchtest, klickst Du also hier auf das A Wegpunkt-Symbol und markierst dann in der Objektliste alle Wegpunkte, die Du nicht mehr benötigst. Mit einem rechten Mausklick auf die markierten Einträge steht Dir dann die Option „Löschen" zur Verfügung.

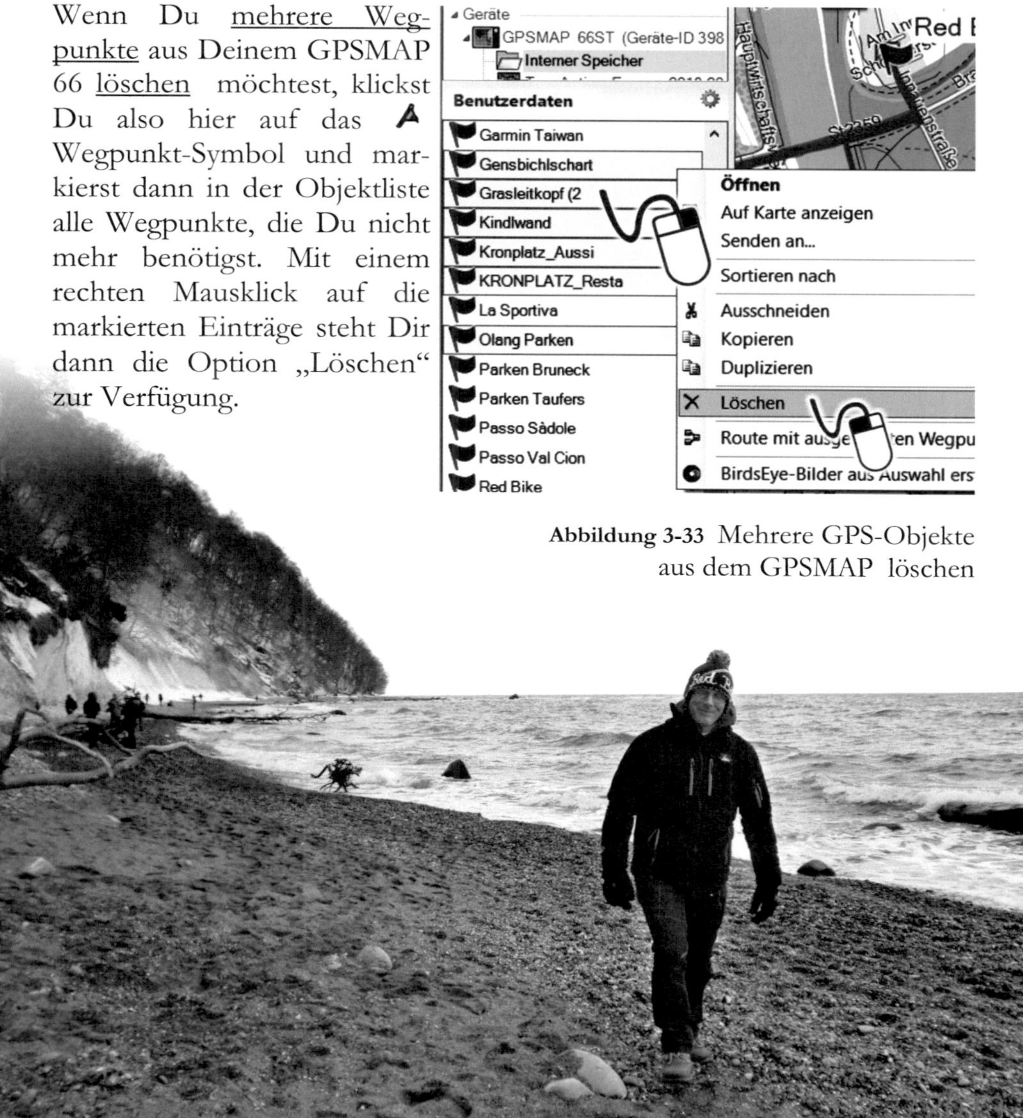

Abbildung 3-33 Mehrere GPS-Objekte aus dem GPSMAP löschen

Durch Doppelklick der linken Maustaste auf den Eintrag in der Objektliste lassen sich die Eigenschaften der Aufzeichnung öffnen und auf der Registerkarte „Grafik" das Höhenprofil sowie auch die Aufzeichnung von weiteren Sensoren wie <u>Puls</u> oder <u>Temperatur</u> einblenden (1). Führe den Mauszeiger auf der Linie entlang, so bekommst Du dessen Position auch in der Karte angezeigt.

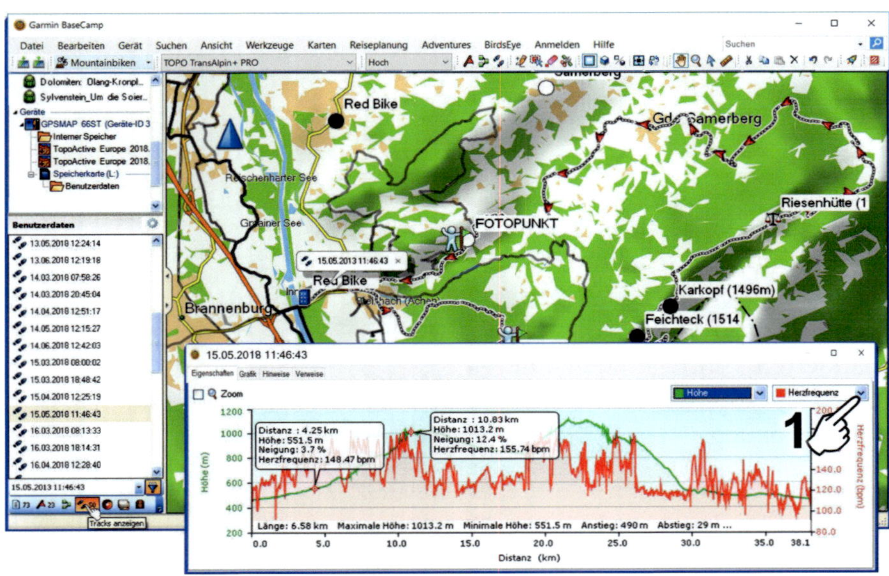

Abbildung 3-34 Aufzeichnungen direkt aus dem Gerätespeicher auslesen

Die Tracks und sonstigen GPS-Elemente kannst Du direkt im Gerätespeicher ansehen und nachbearbeiten oder als Rohdaten auf Deinen PC übertragen und dann dort nachbearbeiten. Dazu erstellst Du Dir in Deinem Arbeitsordner am PC – dem Bibliotheken-Ordner „Meine Sammlung" (dem obersten Ordner der linken Spalte) – mit einem rechten Mausklick eine „Neue Liste" (=Unterordner), benennst diese mit z.B. dem Namen der Tour und klickst dann wieder mit der linken Maustaste Deinen „Internen Speicher" des GPSMAP 66 an. Markiere in der Objektliste die gewünschten Elemente (dabei „STRG"-Taste gedrückt halten) und wähle per Rechtsklick „Senden an…" > im

Dialogfenster: „Ihre Neue Liste" > „OK". So kannst Du sämtliche Wegpunkte und alles was zu dieser Tour gehört übersichtlich in dieser Liste sammeln und kommst nicht mit anderen Aufzeichnungen durcheinander.

Um nun Verfahrwege herauszu"radieren", den Track in Einzelteile zu schneiden oder auch  Trackpunkte einzufügen, um eventuell eine kleine Umfahrung sofort zu ergänzen, nutzt Du die bereits vom Zeichnen eines Tracks bekannten Bearbeitungswerkzeuge aus der Symbolleiste über der Kartenansicht. Somit lassen sich auch diese ewig langen, kreuz und quer verlaufenden <u>Luftlinien</u> vom Ende der letzten bis zum Anfang der nächsten Tour abtrennen. Dieses Problem kann auftreten, wenn man in den Geräteeinstellungen > „Aufzeichnung" die „Auto-Start"-Funktion eingeschaltet hat sowie in den „Erweiterten Einst." die Reiseaufzeichnung „Immer" gewählt hat.

Der „tempe" das unverzichtbare Zubehör bei Outdoor-Aktivitäten, Temperatursensor zur Befestigung am Rucksack etc.

Verfügt man vielleicht sogar über Fotos mit GPS-Informationen (wie sie z.B. die Garmin GPS Action-Camera „Virb" liefert), kann man diese hier in BaseCamp als Wegpunkte auf dem Track erstellen lassen (rechter Mausklick auf den Track > „Fotos mithilfe von Track Geo-Tags hinzufügen", dann den Pfad angeben, wo der Ordner mit den dazugehörigen Fotos liegt).

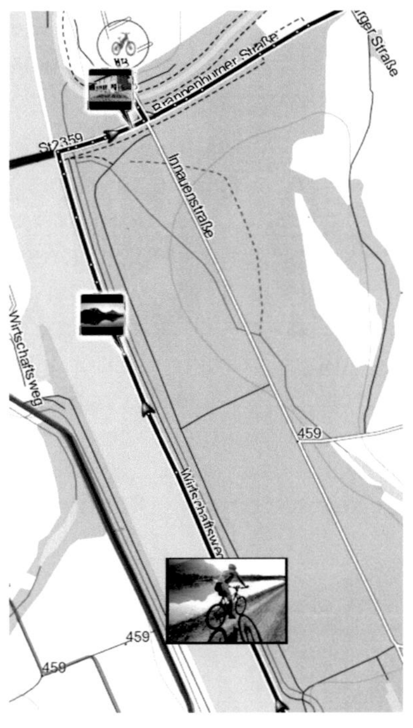

➔ Am Ende der Nachbearbeitung speicherst Du die gesamte Liste mit allen darin befindlichen GPS-Objekten als eine **GPX**-Datei irgendwo auf Deiner PC-Festplatte oder einem externen Speichermedium mit einem aussagekräftigen Dateinamen ab, wie z.B. „Brixen_Kammwege.gpx". Vermeide dabei Umlaute, Bindestriche, Doppelpunkte und sonstige Sonderzeichen. (Dazu markierst Du die gesamte Liste in BaseCamp und wählst über die Menüleiste: Datei > Exportieren > „Listenname exportieren". Genauso lassen sich aber auch einzelne Objekte exportieren. Dabei ist dann allerdings die Option „Auswahl exportieren" zu wählen).

Abbildung 3-36
Dialogfenster zum Exportieren/ Abspeichern von GPS-Aufzeichnungen

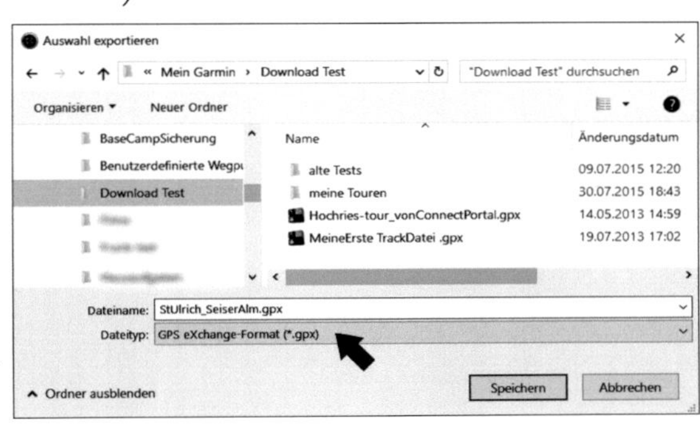

Denn der Gerätespeicher und die Bibliothek in BaseCamp sind kein für die Ewigkeit sicherer Speicherort. Schnell hat man da aus Versehen etwas gelöscht. Außerdem könnten bei einem Programm-/Systemabsturz sämtliche Aufzeichnungen verloren gehen.

Die Abspeicherung in dem universellen GPX-Format ist deshalb erst einmal das Beste, da man diese Datei dann auch gleich so wie sie ist im GPS-Gerät oder allmöglichen anderen GPS-Programmen weiterverwenden kann. Die Auswahl des Dateiformates findest Du in dem Dialogfenster in der Zeile „Dateityp", welches sich beim „Exportieren" Deiner Aufzeichnung öffnet. Die Verlinkung zu Bilddateien bleiben allerdings nur solange funktionsfähig, solange auch der Ordner mit den darin liegenden Fotos am selben Speicherort Deines PCs belassen wird.←

Ein weiteres Highlight ist die Ansicht der aufgezeichneten Tour in
GoogleEarth:

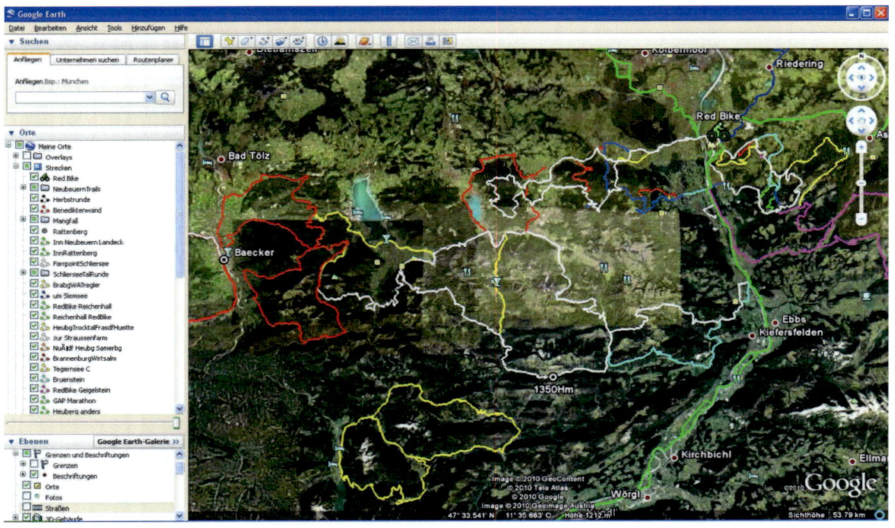

Abbildung 3-37 Die eigene Tourenübersicht in GoogleEarth

Markiere in BaseCamp in der Bibliotheken-Spalte die Liste, oder einen
einzelnen Track und/oder Wegpunkte, die Du in GoogleEarth gern
betrachten möchtest.

Wähle dann in der Menüleiste: Datei > Exportieren > „…Liste" oder
„Ausgewählte Elemente" exportieren. In dem sich öffnenden Dialog-
fenster wählst Du als Dateityp „kml", merkst Dir den Speicherort wo
Du diese Datei auf Deinem Rechner ablegst und klickst schließlich auf
„Speichern".

Starte das GoogleEarth-Programm an Deinem PC und wähle darin in
der Menüleiste: Datei > Öffnen. Wähle die soeben im KML-Format
abgespeicherte Datei.

Dann wirst Du beobachten können wie die GoogleEarth-Ansicht
automatisch an die Position der importierten GPS-Objekte fliegt und
diese im Satellitenbild darstellt. So kann man sich sehr übersichtlich ein
eigenes Tourenportal anlegen.

So sieht man auf einen Blick, welche Teile der Erde man selbst schon einmal live erlebt hat. Hin und wieder sollte man sich dann jedoch auch die gesamte GoogleEarth-Tourensammlung am eigenen Rechner abspeichern (rechter Mausklick auf „Meine Orte" > „Ort speichern unter…", im KMZ-Format).

Mit dieser Vorgehensweise kannst Du Dir aber auch beim Entwerfen einer neuen Tour helfen, wenn Du Dir nicht sicher bist, ob der beabsichtigte Weg mit dem MTB fahrbar oder der Wanderweg eher ein Klettersteig ist. Denn oftmals findet man in GoogleEarth Fotos, die den Weg zeigen.

Aufzeichnung in Garmin Connect öffnen

Deine mit dem GPSMAP 66 aufgezeichneten GPS- und Fitnessdaten werden automatisch in Dein Connect-Konto hochgeladen, sobald Du:

- das GPSMAP 66 per USB-Kabel mit Deinem PC koppelst und Garmin Express öffnest,
- die Bluetooth-Verbindung zu Deinem Handy nutzt oder
- die WLAN-Verbindung zu Deinem Router besteht.

Sehen wir uns das Connect Benutzerkonto doch mal am übersichtlichen PC-Bildschirm an. Logge Dich dazu am PC in Dein Connect-Fitnesskonto ein:

- Entweder über Garmin Express > dort die „Connect/Zeigen Sie Ihre Aktivitäten …"- Schaltfläche anklicken oder
- Du öffnest den Internet-Browser und tippst dort die folgende Adresse ein: https://connect.garmin.com

Nach dem Einloggen begrüßt Dich das <u>Dashboard</u> = Übersichtsseite.

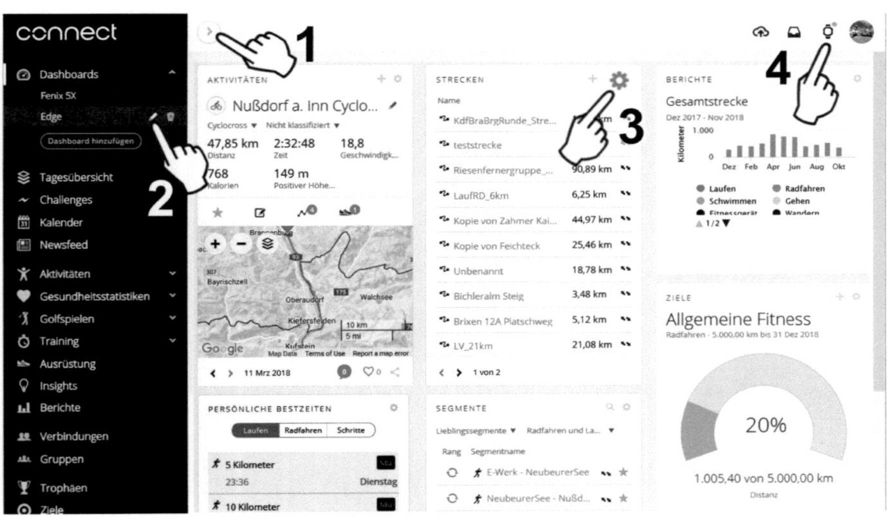

Abbildung 3-38 Garmin Connect am PC-Bildschirm: Dashboard = Übersicht

Den Namen Deiner Übersichtsseite kannst Du in der Menüspalte links oben sehen und durch Anklicken des Stiftes (2) auch beliebig benennen. Hier kannst Du auch weitere „Dashboards hinzufügen" oder vorhandene Dashboards durch Anklicken des Mülleimers-Buttons entfernen.

Die einzelnen Felder (Widget = Schnellzugriffsfenster) des Dashboards zeigen jeweils eine Übersicht spezieller Daten wie z.B. die letzte Aktivität, favorisierte Strecken, auswertende Berichte etc.

Beachte auch das kleine ✿ Zahnrad-Symbol (3) in den Ecken der Felder. Hiermit kannst Du oft eine andere Übersichtsdarstellung auswählen oder schnell auf Funktionen speziell zu dieser Anwendung zugreifen.

Über das kleine Geräte-Symbol (4) im rechten oberen Eck des Connect-Fensters kannst Du Deine Benutzer- sowie Geräteeinstellungen öffnen.

Um weitere **Widgets auf dem Dashboard hinzuzufügen**, klickst Du im unteren Teil des Dashboards mit der linken Maustaste in das leere graue Feld mit dem **+** Plus-Zeichen. Daraufhin verändert sich die linke Spalte zu einer Auswahl mit etlichen Daten. Ganz interessant sind hierbei z.B. die „Berichte". So kann man sich z.B. ein Feld einrichten, welches die Gesamt-KM der letzten 365 Tage zeigt.

Jedes Feld kannst Du mit der linken Maustaste im oberen Teil anfassen und ober- oder unterhalb eines anderen Feldes ablegen.

Abbildung 3-39 Widget auf dem Dashboard anordnen

Wenn der Balken als Einfüge-Position erscheint, kannst Du die linke Maustaste und damit das an der Maus hängende Feld loslassen.

Ordne auf diese Weise alles an, was Du auf den ersten Blick sehen möchtest, wenn Du Dein Connect-Konto am Computer öffnest. Auf die Darstellung in der Connect Mobile-App am Handy hat dies allerdings keinen Einfluss.

Sämtliche **Kontoeinstellungen** für Dein Benutzerkonto nimmst Du durch Anklicken Deines Profilfotos vor:

<u>Anzeigeeinstellungen:</u>
Auswahl der Sprache, Zeitzone, Maßeinhei-ten, Wochenrhythmus etc.

<u>Datenschutzeinstellg.:</u>
Lege hier fest, wer Deine Aufzeichnun-gen sehen darf. Bei der Einstellung „Alle" werden Deine aufge-zeichneten Strecken nach dem Hochladen sofort veröffentlicht.

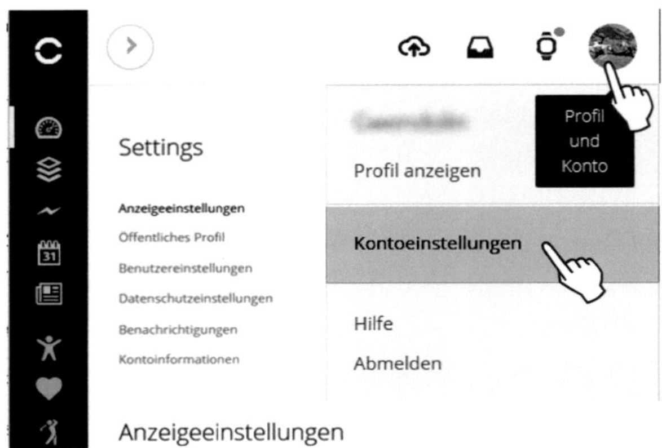

Abbildung 3-40 Einstellungen für Dein Trainingskonto

Wähle wohl besser „Nur ich" oder „Meine Verbindungen"/"Meine Freunde" aus, so kannst Du auch nachträglich eine jede Strecke einzeln veröffentlichen. Sieh Dir alle weiteren Optionen an, welche für Dich von Interesse sein könnten.

Abbildung 3-41
Aufzeichnungen aus dem Protokollspeicher

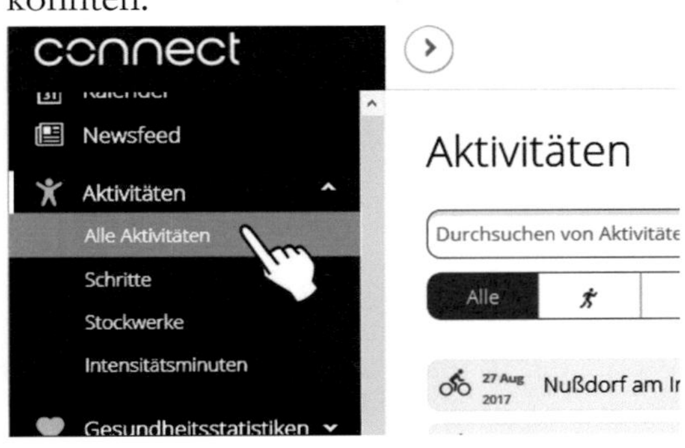

Rufe nun über die linke Menüspalte die **„Aktivitä-ten"** > „Alle Aktivitäten auf.

Obwohl Dein GPSMAP 66 sämtliche Daten automatisch in Dein Connect-Konto überträgt, hast Du zusätzlich auf der „Alle Aktivitäten"-Seite die Möglichkeit mit „Importieren" eine ausgewählte Aufzeichnung von einem x-beliebigen Speichermedium wie z.B. Deiner PC-Festplatte in Dein Konto zu laden. Mit der Auswahl „+Manuelle Aktivität" kannst Du sogar ein absolviertes Training komplett von Hand hinzufügen, von dem Du keinerlei Geräteaufzeichnung hast, weil Du z.B. ohne GPS-Uhr laufen warst und diese Sporteinheit trotzdem in Deinem Connect-Konto erfasst sein soll.

In der Liste darunter findest Du die Sammlung Deiner gesamten Aufzeichnungen. Diese können durch Anklicken der Aktivitäten-Button im Tabellenkopf kurzerhand nach Sportarten sortiert angezeigt werden.

Bei Aufzeichnungen die Dir wichtig sind, solltest Du durch Anklicken des Stern-Symbols (wodurch sich dieser von Grau zu Gelb färbt) in der jeweiligen Zeile diese Aktivität als „Favorit" kennzeichnen. Somit kannst Du später einmal schnell auf Deine besonders wichtigen Unternehmungen zugreifen und musst nicht ewig suchen.

Abbildung 3-42 Wichtige Aufzeichnungen kenntlich machen und später diese „Favoriten" anzeigen lassen

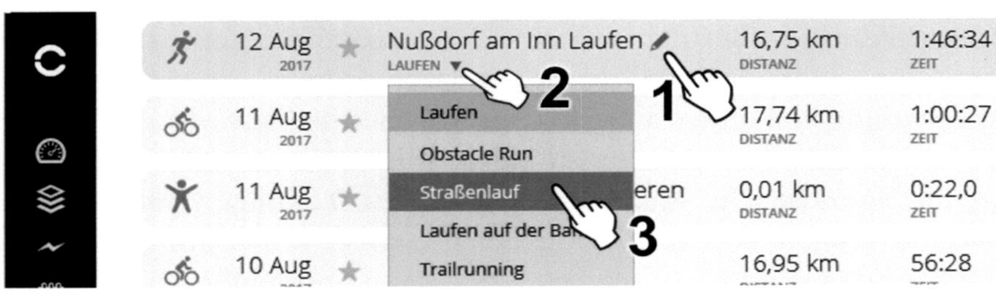

Abbildung 3-43 Aktivitätsnamen und -typ ändern

Der Name der Aktivität wurde automatisch nach dem Startort benannt. Diesen kannst Du mit dem Stift-Symbol (1) hinter dem Namen ändern. Auch der Aktivitätstyp, der darunter angezeigt wird, lässt sich durch Anklicken des Aufklapppfeils (2) genauer klassifizieren (3). So kannst Du später Dein gesamtes Fitnesskonto schnell nach einer bestimmten Tour/Aufzeichnung durchstöbern. Im GPSMAP 66 kannst Du den Aktivitätstyp im Hauptmenü > Einrichten > „Fitness" festlegen, wodurch dieser dann in Connect richtig eingetragen sein sollte.

Der Akt.-Typ ist auch wichtig für das automatische Überwachen Deines Trainingsziels, welches man sich in der Menüspalte > „Ziele" erstellen kann.

Um bis zu 4 Aktivitäten miteinander zu vergleichen, klickst Du die Zeilen einfach nacheinander an (in leeren grauen Bereich der Zeile) und klickst dann auf den erscheinenden Button „… von 4 vergleichen".

Durch das Anklicken des Aktivitätsnamens öffnet sich die **Detailseite** (Abbildung rechts), auf der Du dann alle Daten dieser Tour analysieren kannst. Unterhalb der Abbildung Deines GPS-Gerätes zeigt Dir die Zeile mit Höhenkorrekturen: „Aktiviert" (1), dass die vom GPSMAP 66 erfassten Auf- und Abstiegswerte korrigiert wurden.

Hast Du während der Aufzeichnung mit der Stoppuhr-Funktion gearbeitet und darin die „Lap"-Rundentaste gedrückt, bekommst Du diese „Zwischenzeiten" (3) auf der gleichnamigen Registerkarte unterhalb der farbigen Grafiken im Detail angezeigt, siehe im Index „Runden-Distanz".

Abbildung 3-44
Details einer Aufzeichnung

Abbildung 3-45 Werkzeugleiste

Mit den Werkzeugen im oberen Fenster-Eck kann diese Aktivität nun bearbeitet (✐), als Favorit markiert (★) oder <u>veröffentlicht</u> (🔓) werden. Über das ⚙ Symbol eröffnen sich weitere sehr interessante Optionen, wie z.B. „Exportieren nach GoogleEarth".

Mit „<u>Als GPX/TCX-Datei exportieren</u>" holst Du Deine Aufzeichnung aus dem Connect-Konto heraus und kannst sie Dir für alle Ewigkeit an einem beliebigen Speicherort im TCX-Trainingsformat oder im GPX-Universalformat abspeichern.

Mit der Funktion „<u>Als Strecke speichern</u>" wandelst Du Deine Aufzeichnung in eine wieder zu verwendende Strecke um, die dann erst einmal in Deiner Streckenübersicht abgelegt wird, um sie dann z.B. mit der Connect Mobile-App am Smartphone abzurufen. Allerdings kannst Du sie von dort aus aktuell leider **nicht** zum GPSMAP 66 zu senden.

Sollten in der Werkzeugleiste Einträge hellgrau gefärbt und nicht anwählbar sein, so sind diese Funktionen nur im ✐ Bearbeiten-Modus verfügbar.

Abbildung 3-46 Animation und Wetterdaten einer aufgezeichneten Aktivität

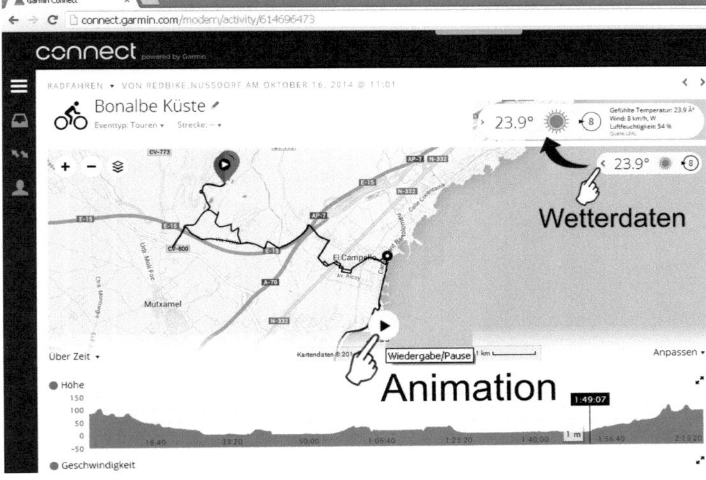

Mit dem kleinen Wiedergabe-Button am unteren Kartenrand wird Dir die Position in der Karte mit den entsprechenden Daten in den darunter angezeigten Grafiken als selbstständig ablaufende Animation dargestellt. Im rechten oberen Ecke der Karte kannst Du die detaillierten Wetterdaten dieser Aufzeichnung in Erfahrung bringen.

Gesamtdaten - Jahresauswertung

Irgendwann will man dann auch mal wissen, was man das ganze Jahr so geleistet hat. Da Dein Connect-Konto ja alles sammelt, was Du mit Deinem GPSMAP 66 und anderen Geräten unternommen oder manuell hinzugefügt hast, kann man sich das Gesamtergebnis auf folgende Weise anzeigen lassen:

Die auszuwertenden Seiten findest Du im Menü: „Berichte". Wähle auf der erscheinenden Seite den in der Auswahlleiste ganz unten aufgeführten Eintrag „Fortschrittsübersicht".

Abbildung 3-47
Connect: Fortschrittsübersicht

Solltest Du diesen Menüpunkt nicht finden, probiere einen anderen Browser (wie z.B. Internet Explorer oder Google Chrom).

Wähle nun den Zeitraum (z.B. „Dieses Jahr") und den Aktivitätstyp dessen Gesamtdaten Du wissen möchtest oder belasse „Beliebiger Aktivitätstyp", wenn die Gesamtdaten aus all Deinen Aufzeichnungen errechnet werden sollen.

Index

A

Abschnitt speichern, Track....... 1–64
Abspeichern, Track.................... 1–23
ActiveRouting..........................3–132
Activities-Ordner.....................3–150
Akku 1–12, 1–14
Aktive Route ändern................2–86
Aktive Route-Anwendung......2–107
Aktivität hinzufügen 3–189
Aktivität, Routenberechg. 2–82
Aktivitäten, Connect...............3–188
Aktivitäten-Details 1–24
Aktivitätseinstellungen ... 1–40, 1–56
Aktivitätsprofil, BaseCamp.....3–165
Aktivitätstyp, Connect............3–190
Aktivitätstyp, Training.............. 1–62
Aktuelle Aktivität/Track........... 1–38
Alarm Wegpunkt...................... 1–45
Alpenvereinskarten 3–132
Als Strecke speich., Connect..3–192
An Gerät senden, Strecke 3–160
Angelzeiten............................... 1–67
Ankunftszeit............................. 1–34
Annäherungsalarm 1–45
ANT+ Technologie.................. 1–13
Anwendungen........................... 1–18
Anzeige ändern, Reisecomp 1–33
Anzeige, Displayeinstllg. 1–52
Anzeigeeinstellg., Connect......3–188
App 3–145
   installieren, Computer 3–146
   löschen 3–147
Archive-Ordner 3–150
Archivierte Tracks.................... 1–41
Archivierung, automatisch........ 1–58
Auf Karte anzeigen.................2–105

Auf Straße zeigen, Routing.......2–83
Aufgezeichnete Aktivitäten.......1–41
Aufzeichnung, Details 1–24
Aufzeichnung, Einstellg 1–56
Aufzeichnungssteuerung...........1–38
Ausgabeformat.........................1–57
Auto Lap/ Runde......................1–62
Auto Pause...............................1–40
Auto Start................................1–40
Auto-Zoom 1–55

B

Bandanzeige einstellen..............1–66
Barometermodus 1–61
Barometrische Höhenwerte....3–174
BaseCamp 3–140
Basiskarte 1–12
Batterien..................................1–14
Batterietyp, Einstellg. 1–51
Beleuchtung.............................1–52
Beliebte Strecken finden..........3–158
Benachrichtigungen aktivieren .1–71
Benutzerhandbuch, Garmin ...3–144
Berechnungsmethode 2–82
Bewegungsprofil 2–82
Birds Eye Satellite Imagery 3–133
Birds Eye Select 3–134
BirdsEye-Ordner 3–150

C

Chirp.......................................2–126
Connect....................................3–142
   Aktivitäten anzeigen............3–188
   Datenschutzeinstellg. 3–188
   erkunden..............................3–186
   Importieren.........................3–189

Strecken zeichnen 3–156
   Übersicht, Dashboard 3–186
   Zugang 3–143
Connect Mobile-App 1–69
Courses 2–79
Current-Ordner 3–150
Custom Symbols erstellen 3–171
CustomMaps erstellen 3–135
CustomMaps-Ordner 3–150
CustomSymbols-Ordner 3–150

D

Dashboard 3–186
Daten zurücksetzen 1–58
Datenfeld
   Beispiele 1–37
   Einstellungen 1–33
   groß 1–33
Datenfeldwert
   einstellen 1–34
Datenfilter 3–179
Datenzugriff fremder Apps 1–70
Demomodus 1–20
Displayschutzfolie 1–12
Dist. b. nä. Streckenpunkt 1–34
Distanz bei Aktivitäten 1–35
Distanz zum Ziel 1–34
Distanz, RoundTrip Routing 2–94
Drahtlose Übertragung 1–69

E

EGNOS 1–50
EIN-/AUS-Taste 1–15
Einfügen, BaseCamp 3–166
Einheiten, Geräteeinstellg. 1–19
Einstellungen, Beispiele 1–37
Einstellungen, Connect 3–188
Energiesparmodus 1–52
   Beispiel 2–129
ENTER-Taste 1–17

Entfernen
   Gerät vom PC 2–104
   im Gerät 3–173
   in BaseCamp 3–168
Expeditionsmodus 1–60

F

Fahrt, Einstellungen 1–60
Fahrtrichtung, Einst 1–27
Fahrzeug Symbol, Einst 1–55
Farbe, aktuelle Aufzeichng. 1–39
Farbe, Track im GPS 2–105
Farbmodus, Geräteeinst. 1–52
Filterfunktion, BCamp 3–179
FIND-Taste 1–17
FIT, Geräteeinstellg. 1–57
FIT-Datei 3–148
Fitnesseinstellungen 1–62
Fitnesskto.Connect öffnen 3–144
Fitnessportal 3–186
Fortschrittsübersicht 3–193
Foto zum Wegpkt. 1–44
Foto-Navigation 3–176
Fotos georeferenzieren 3–176
Fragezeichen, blinkend i.Karte 1–20
Führungstext 1–55

G

GALILEO 1–50
Garmin Connect Mobile 1–13
Garmin-Karten 3–131
GDB-Datei 3–148
Geocache-Portale 2–121
Geocaches i. GPSMAP laden 2–121
Geocaching 2–120
   Einstellungen 2–126
   Filtersuche 2–125
Geosetter 3–176
Geräteeinstellungen 1–49
Geräte-ID 1–65

Gerätesoftware erneuern.........3–144
Gerätespeicher, Trackpunkte ... 1–58
Gerätestart........................... 1–14
Gesamtdaten 3–193
Gespeicherte Tracks 1–41
Gitter, Nordreferenz................2–93
GLONASS..................... 1–49
GoogleEarth, Programm 3–161
GPI-Datei...................3–151
GPS-Daten ansehen 1–24
GPS-Daten export, Connect..3–192
GPS-Empfang ab-/anschalten. 1–20
GPS-Empfang wählen.............. 1–49
GPS-Touren Download..........3–153
GPX, Geräteeinstllg................... 1–57
GPX-Datei 3–148
GPX-Ordner...................3–150
Großes Datenfeld.................... 1–33
GroupTrack........................... 1–74

H

Handbuch, Garmin..................3–144
Handy kopplen 1–70
Hard Reset........................... 1–65
Hardware sicher entfernen 2–104
Hauptmenü 1–18
Hauptmenü einrichten.............. 1–65
Heatmap für die Beliebtheit ...3–156
Helligkeit............................ 1–15
Hilfetext in Karte 1–55
Hin und zurück....................3–159
Hochladen, manuell 3–189
Höhenanzeige korrigieren......... 1–29
Höhendaten........................3–174
Höhenkorrektur am PC 3–190
Höhenmesser kalibrieren 1–29
Höhenmesser, Einstllg. 1–61
Höhenprofil Bedienung 1–28
Höhenprofil eines Tracks 1–24
Hoher Punkt 2–100

I

inReach.........................1–67
Intervall Trackaufzeichnung.....1–57
IQ-Apps.........................3–145

J

Jagdzeiten.........................1–67
Jahresbericht...................3–193
JPEG-Ordner...................3–150

K

Kalender.........................1–67
Kalibrierung, Höhenmesser......1–61
Kalibrierung, Kompass.............1–30
Karte
    Ausrichtung 1–27
    mit Datenfeldern...............1–54
    mit Track 1–24
Karte wählen, Connect...........3–158
Karte, Einstellungen...................1–53
Kartenansicht
    BaseCamp 3–163
    Gerät.........................1–27
Kartenbezugssystem 2–90
Kartendaten gelöscht.............3–151
Kartendatum, Gerät.................1–63
Kartenmaterial....................3–131
Kartensphäroid 2–90
Kartentypen.........................3–131
KFZ Ladegerät.........................1–12
Kilometermarkierungen.........3–158
Kilometerzähler 1–35
KMZ- und KML-Datei..........3–162
Komoot-App.........................2–109
Kompass
    automatisch...................1–61
    Einstellungen...............1–30, 1–60
    Kalibrierung...................1–30
Koordinaten

als Ziel.................................2–89
   Wegpunkt erstellen 3–170
   Wegpunkt erstellen 1–42
Koordinatensystem 2–90
Kurs 2–79
Kurslinie 2–117

L

LAT/LON................................2–92
Licht, Geräteeinstllg 1–15
Lichtdauer 1–52
Linien kreuz u. quer 3–181
LiveTracking starten..................1–74
Löschen
   einzelnen Wegpunkt..............1–44
   Foto....................................3–173
   GPS-Objekte aus Gerät......3–173
   in BaseCamp......................3–168
   mehrere Wegpunkte, BC 3–179
   mehrere Wegpunkte, Gerät3–173
   Profil..................................1–48
   Route..................................2–97
   Routenpunkt........................2–97
   Track im Gerät....................1–25
Luftdrucktendenz 1–61
Luftlinien-Routing....................2–82

M

Magnetisch/ Missweisend.........2–93
Marine Geräteeinstellg...............1–62
MARK-Taste............................1–17
Maßeinheiten............................1–19
Massenspeicher 1–51
Mehrtagestouren, Einstellg 1–58
MENU-Taste............................1–17
microSD/SD-Datenkarte,
   vorprogrammiert..................3–138
microSD-Karte vorbereiten 3–152
Mond/Sonne............................1–67

N

Nacht, Beleuchtung 1–52
Nautische Karten 3–137
Navigation anhalten...................2–87
Navigation auf Track.............2–100
Navigationstext..........................1–55
Netzwerk hinzu, WLAN 3–143
Neuberechnung Route..............2–83
NewFiles-Ordner......................3–150
Nordreferenz 2–93
Nordreferenz Geräteeinst.........1–61

O

OpenStreetMaps......................3–135
Optionale Tracks......................2–104
Ordnerstruktur 3–149

P

PAGE-Taste..............................1–16
Peilen und los 2–117
Peilungslinie 2–117
Plastische Karte abschalten......1–55
POI (Points of Interest)............2–80
POI-Ordner..............................3–151
POI-Sammlung 2–80
Position mitteln........................1–44
Positionsformat........................2–92
   Einstellg. im Gerät...............1–63
Profile......................................1–47
   Einstllg. zurücksetzen...........1–64
   erstellen..............................1–48
   löschen................................1–48
   sichern................................3–151
Projektion, Wpkt.......................1–44
Pulskurve in BaseCamp 3–180
Punkt löschen/verschieben....3–166

Q

QUIT-Taste..............................1–16

R

Reiseaufzeichnung................. 1–58
Reisecomputer ändern............. 1–32
Reset
    aktuelle Aufzeichnung.......... 1–58
    Einstellungen...................... 1–64
    Reisecomputer-Seite............. 1–32
Richtung sperren 2–118
RINEX................................. 1–51
RoundTrip Routing.................. 2–94
Route 2–77
    bearbeiten 2–97
    Höhenprofil...................... 2–97
    Kartenvorschau.................. 2–97
    umkehren 2–97
    umwandeln zum Track....... 3–167
Routenaktivität ändern............. 2–85
Routennavigation 2–81
Routenneuberechnung............. 2–83
Routenplaner......................... 2–96
Routing-Optionen................... 2–82
Rundenanstieg....................... 1–35
Runden-Distanz...................... 1–35
Rundenunterteilg., Connect.... 3–190

S

Satelliten............................. 2–90
Satellitensystem, Geräteeinst.... 1–20
Schleife, Connect................... 3–159
Schnittstellen........................ 1–13
    USB einrichten.................. 1–51
Screenshot 1–53
SCRN-Ordner........................ 3–151
Seekartenmodus..................... 1–62
Seitenanordnung..................... 1–26
Seitenfolge bearbeiten 1–25, 1–66
Seitenweises blättern................ 1–17
Sensor hinzuf./aktivieren.......... 1–19
Seriennummer........................ 1–14
Sicherungsdatei anlegen 3–149

Smartphone koppeln.................1–70
Software
    BaseCamp 3–140
    Connect..........................3–142
    Express...........................3–142
Software-Update
    per Bluetooth....................1–73
Software-Version, Gerät............1–65
Sonne/Mond..........................1–67
Sortieren
    Tracks 2–84
    Wegpunkte.......................1–46
Speicherauslastung...................1–64
Speichergröße, microSD 1–13
Speicherplatz, Apps..................3–147
Speicherplätze, Touren 1–41
Sprache ändern.......................1–18
Startort, RoundTrip Routing....2–94
Statusseite..............................1–15
Stoppuhr-Anwendung...............1–35
Straßenkarten.........................3–131
Strecke 2–79
    bearbeiten, Connect 3–158
    erstellen, BaseCamp 3–163
    erstellen, Connect 3–157
Streckenpunkte
    hinzufügen, Connect...........3–159
Stromversorgung 1–14
Suchbegriff eingeben................1–46
Suchen im Gerät......................1–46
Suchen, woanders....................1–44
Symbolleisten, BaseCamp 3–164
Systemstruktur 3–149

T

Tastensperre 1–26
TCX-Datei.............................3–148
Teilen, BaseCamp....................3–166
Telefon entfernen/koppeln.......1–71
Temperaturbereich...................1–12

Temperaturkurve, BaseCamp.3–180
Tempo 1–35
Tempo schwankt bei Stillstand 1–40
Tempolimit 1–34
Textgröße
    allgemein...........................1–53
    Kartendetails.....................1–56
Tiefer Punkt.........................2–100
Töne.....................................1–60
TopoActive EU kaufen 3–136
Tourenplanung am Handy......2–109
Tourenportale.......................3–154
TracBack 1–39, 2–127
Track....................................2–78
    aus Route erstellen..............3–167
Track im Gerät
    Abschnitt speichern..............1–64
    aktuellen Track speichern.....1–22
    ansehen.............................1–24
    aus Aufzeichnung erstellen ..1–24
    löschen...................1–22, 2–105
    sichtbar schalten..................2–104
    Trackspeicher entleeren........1–64
    umkehren 2–105
Trackaufz. am PC auswerten ..3–178
Track-Datei.........................3–173
Track-Einstellg.....................1–56
Tracklänge..........................1–24
Track-Manager.....................2–99
Tracknavigation 2–99
Trackpunkte........................2–80
Tracks verschieb./kopieren 3–173
Trackspeicherplatz................2–103
Track-Steuerung...................1–38
Trainingskonto....................3–142
Trennen
    Gerät vom PC 2–104

U

Übertragung, drahtlos 1–69
Uhrzeit einstellen 1–19
Umgebungsdruck...................... 1–61
Umgebungssuche 1–44, 1–47
Umkehren, Connect 3–159
Umkehren, Route..................... 2–97
Update, per Bluetooth.............. 1–73
Updates................................. 3–144
USB Modus............................. 1–51
UTM-Koordinatensystem 2–90

V

Verbinden
    Track- oder Routenteile 3–167
Vergleichen, Aufzeichng......... 3–190
Vermeidung einrichten............. 2–83
Veröffentlichen, Connect 3–192
Verschieben, Wpkt. 1–44
Vertikaltempo 1–34
VIRB 1–67

W

WAAS................................... 1–50
Wahrer Nordbezug................... 2–93
Wasserbeständigkeit 1–12
Wegpkt.-Symbole erstellen 3–171
Wegpktspeicher, Auslastung.... 1–64
Wegpunkt............................... 2–80
    bearbeiten 1–43
    i.d.Karte ansehen.................. 1–43
    in der Nähe.......................... 1–47
    löschen 1–44, 1–64, 3–173
    löschen, mehrere, BC 3–179
    Mittelung............................. 1–44
    Projektion 1–44, 2–118
    sortieren 1–46

speichern 2–88
suchen 1–46
Wegpunkte
    Prefix/Suffix 1–60
Wegpunktsymbole erstell. 3–171
Weiter aufzeichnen 1–22
Werkseinstellungen 1–64
Werksstandard
    einzelner Menüs 1–49
    Gerät 1–64
Wetterdaten 1–15, 1–72
Wetterdaten einer Aktivität 3–193
Wettertendenz 1–61
Widgets in Connect 3–187
Wikiloc-App 2–108
Wipptaste 1–16
WLAN einrichten 3–143
www.connect.garmin.com
    Trainingsportal 3–186
www.earth.google.com/intl/de
    GoogleEarth 3–161
www.geo.co/garmin
    Geocaching Live aktivieren 2–121
www.gpsies.com
    Tourenportal 3–154
www.komoot.de
    Tourenplanung 2–110

www.opencaching.de
    Geocache Portal 2–121
www.red-bike.de/gps
    Tourenportal RedBike 3–153

X

XERO-Positionen 1–67

Z

Zeichnen in BaseCamp 3–163
Zeitbezogenen Datenfelder 1–35
Zeitformat 1–19
Zielauswahlmenü einst 1–66
Zielrichtung 2–117
ZIP-Ordner entpacken 3–153
Zoombereiche anpassen, Höhe 1–29
Zoomfunktion, autom. 1–55
Zoom-Maßstäbe 1–56
Zoomtasten 1–17
Zurücksetzen Reisedaten 1–64
Zusammenfügen, BCamp 3–167
Zwischenzeiten, Connect 3–190
Zwischenziele 2–80
    einfügen 2–86

Weiterführende Hilfe findest Du auch in den FAQs (häufig gestellte Fragen) der Garmin-Website www.garmin.de > Support > Support-Center oder auch in dem dort verlinkten Garmin-Forum.